Fachausdrücke im

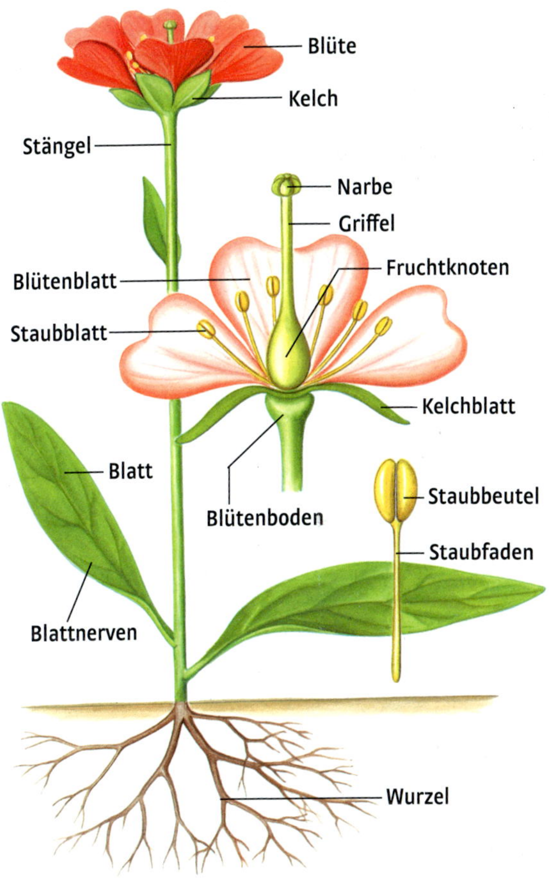

KOSMOS Basics

Welche Blume ist das?

Eva-Maria und Wolfgang Dreyer

KOSMOS

Einführung

Eine farbenfrohe Sommerwiese ist ein Farbenrausch für die Sinne, als wollte die Natur hier alle Farben und Formen zeigen, die sie hervorbringen kann. Aber die Natur spielt nicht: Jede Blütenform und jeder Farbton ist das Ergebnis einer jahrmillionenlangen Entwicklung und genau auf die Insekten, die die jeweilige Blume bestäuben und deren Sehvermögen angepasst. Dabei ist die Vielfalt auf mageren Böden besonders groß. Bekommen Wiesen zuviel Dünger, werden sie bald zu einseitigen Löwenzahnrasen. Umgekehrt gilt: Je ärmer die Böden an Nährstoffen, um so farbenfroher und artenreicher präsentieren sich die Wiesen.
Es sind die Blumen, die den Frühling bringen. Ihre Blüten geben uns nach jedem langen Winter die Farben zurück. Dabei wechseln die Blütenfarben im Lauf der Jahreszeiten: Der Frühling kommt in Gelb. Jetzt leuchten am Bach die Blütensterne der Sumpf-Dotterblume, im Buchenwald überzieht das Scharbockskraut den Boden mit einem blühenden Teppich und am Straßenrand stehen dicht gedrängt die ersten Huflattichblüten.
Erst nach und nach kommen andere Farben hinzu. Es sind Blütenfarben aus blauen und violetten Tönen, die besonders Bienen gut sehen können wie etwa das leuchtende Blau der Veilchen, das Rotviolett des Hohlen Lerchensporns oder der Frühlingsplatterbse.
Mohnrot und strahlendes Weiß sind die Farben des Juni. Es ist die hohe Zeit der Ackerwildkräuter.

Der Frühling kommt in Gelb: Sumpf-Dotterblumen am Bach

Im Sommer zeigen die Blüten auch viele Farbkombinationen: Beispiele sind die weißen Schaublätter und gelben Innenblüten bei der Kamille oder kräftige bunte Saftmale am Blüteneingang des Roten Fingerhuts.
Mit dem Herbst nimmt die Farbenfülle wieder ab. Das Blumenjahr schließt mit dem duftigen Rosaviolett der Herbst-Zeitlose.

Leitfaden durch das Buch
Dieses Buch ist eine Reise in die Natur. Es ist für alle gedacht, die sich auf einem Spaziergang vielleicht zum ersten Mal fragen: Welche Blume ist das?
Für Sie haben wir aus der Welt der Wildblumen die häufigsten unserer einheimischen Blütenpflanzen zusammengestellt. Sie lassen sich anschaulich und übersichtlich fünf Farben und vier Blütenformen zuordnen.
Es sind dies die Blütenfarbe weiß, gelb, rot (gilt auch für rosafarbene Blüten), blau (gilt auch für lila oder violett) sowie grün bzw. braun. Sicher ist die Zuordnung nicht immer ganz eindeutig möglich: Mancher Rosa-Farbton spielt ins Blau, manche violette Blüte nähert sich in ihrem Farbton dem Rot. Außerdem kann auch der Nährstoff- und Mineralgehalt der verschiedenen Böden die Farben der Blüten beeinflussen und verändern.
Innerhalb der Blütenfarbe sind die Blumen nach der Gestalt ihrer Blüten in dieser Reihenfolge an geordnet: Blüten mit höchstens 4 Blütenblättern, Blüten mit 5 Blütenblättern, Blüten mit mehr als 5 Blütenblättern, zweiseitig symmetrische Blüten. Damit ist der Einstieg leicht gemacht.

Blumennamen: Warum deutsch und lateinisch?
Blumennamen verändern sich von Region zu Region. So hat die Margerite viele volkstümliche Namen. In der Schweiz heißt sie oft »Liebesbluemli« oder »Glasbluemli«, in Böhmen »Juniblume«, in Kärnten »Kaiserstern« und in der Pfalz »Ochsezung«. Um diesem sprachlichen Wirrwarr ein Ende zu bereiten, hat der schwedische Botaniker Carl von Linné im 18. Jahrhundert ein System der wissenschaftlichen Namen entwickelt, das jede Pflanze eindeutig benennt. Dieser wissenschaftliche Name besteht aus zwei lateinischen Begriffen: Zunächst steht der groß geschriebene Gattungsname, dahinter der klein geschriebene Artname. Diese Namensgebung ist international gültig. Die Margerite heißt danach *Leucanthemum vulgare*.
Aber auch die deutschen Namen wurden 1927 erstmals festgelegt. In diesem Buch sind die wissenschaftlichen und deutschen

Die Margerite heißt wissenschaftlich *Leucanthemum vulgare*.

Namen nach dem »Zander. Handwörterbuch der Pflanzennamen« angegeben. Es ist das heute gültige Standardwerk.

Ohne Fachausdrücke geht es nicht

Wir haben uns bemüht, in unseren Pflanzenporträts botanische Fachausdrücke möglichst zu vermeiden. Immer ist uns das nicht gelungen, denn manche Begriffe lassen sich einfach nicht ersetzen. Die Zeichnung auf Seite 1 erklärt deshalb die wichtigsten Teile einer Blütenpflanze. Blumen bestehen aus einer Wurzel, einem Stängel, Blättern mit Blattnerven, Blüten mit Kelchblättern, Kronblättern, Staubblättern, Fruchtknoten sowie einem Griffel mit der Narbe.
Hilfreich beim Bestimmen ist außerdem noch die Stellung der Blätter am Stängel. Stehen diese wie in der Zeichnung abwechselnd, nennt man das »wechselständig«. Stehen sich die Blätter am Stängel genau gegenüber, sind sie »gegenständig«.

Ein Bestimmungsbeispiel

Anhand des Farbcodes finden Sie sich im Buch ganz einfach zurecht. Ein Beispiel: Am Rand eines Getreidefeldes blüht eine rote Blume. Wir gehen auf die Seiten mit der roten Randleiste. Die Blüte hat 4 Blütenblätter. Diese Blüten- Kategorie ist in der roten Randleiste leicht zu finden. Nun haben wir nur noch 9 Farbbilder zu vergleichen. Schon das erste Bild zeigt auf Seite 64/65 das gesuchte Ergebnis. Es ist der Klatsch-Mohn (*Papaver rhoeas*).

Wenn Pflanzen sprechen könnten

Vor unvorstellbar langer Zeit begannen sich Blütenpflanzen zu entwickeln. Im Laufe von rund 300 Millionen Jahren entstanden die buntesten und ausgefallensten Blüten. Im Verhältnis zu dieser langen Blumengeschichte ist die von uns Menschen sehr kurz. Und doch haben wir mit den Blütenpflanzen eine gemeinsame Kulturgeschichte. Lange waren sie unsere Heilkräuter. Und viele von ihnen sind es heute noch. Viele Pflanzen würzen unser Essen und schenken uns wertvolle Aromen. Manche enthalten auch lebensgefährliche Gifte. Und um wieder andere ranken sich Mythen und Märchen. Selbst ihre Farbstoffe sind heute noch unverzichtbar. Sie geben Malern die Farben für ihre Bilder und färben unsere Kleider.
In den Porträts der Blumen haben wir unter dem Stichwort **Merkmale** die wichtigsten Kennzeichen zusammengetragen, die Ihnen beim Bestimmen helfen sollen. Unter der Rubrik **Vorkommen** finden sie die Standorte, an denen sie die jeweilige Pflanze überwiegend finden können. Unter dem Stichwort **Wissenswertes** berichten wir schließlich von wichtigen und spannenden Eigenschaften der Blumen und von der gemeinsamen Kulturgeschichte von Wildblumen und Menschen.

Blütenfarbe rot, 4 Blütenblätter, Fundort Getreidefeld: Der Klatsch-Mohn.

Bestimmungsteil

Brunnenkresse
Nasturtium officinale

> weltweit verbreitet
> empfohlen als Frühjahrskur
> schmeckt etwas bitter

Merkmale 30–90 cm hoch; häufige Wasserpflanze mit hohlen Stängeln; Blätter dunkelgrün, glänzend, ein wenig fleischig; weiße Blüten mit gelben Staubbeuteln; Blütezeit Mai bis August. **Vorkommen** Wächst an langsam fließenden Bächen mit kühlem, klarem Wasser. **Wissenswertes** Die bekannte und wegen ihres hohen Vitamin-C-Gehalts geschätzte Wildsalatpflanze war früher als Heilkresse in Apotheken erhältlich. Heute wird sie in den Gemüseabteilungen gut sortierter Großmärkte angeboten. Ihre Blätter geben Kartoffelsuppen einen unverwechselbaren Geschmack.

Hirtentäschelkraut
Capsella bursa-pastoris

> blüht ganzjährig
> herzförmige, grüne Früchte, die man oft für Blätter hält

Merkmale 5–50 cm hohes Wildkraut mit winzigen weißen Blüten und auffälligen herzförmigen Früchten; Blätter in einer Rosette am Grund der Stängel. **Vorkommen** Überall auf nährstoffreichen, brachliegenden Bodenflächen. **Wissenswertes** Das Hirtentäschelkraut ist ein Kulturbegleiter und heute weltweit verbreitet. Seine ursprüngliche Heimat ist der Mittelmeerraum. Die grüne Pflanze ist bei uns von Januar bis Dezember an Weg- und Feldrändern zu finden. Ihre Samen waren einst der »Pfeffer« armer Leute. Heute sind sie Bestandteil vieler käuflicher Vogelfuttermischungen.

Knoblauchsrauke
Alliaria petiolata

> altes Gewürzkraut, riecht beim Zerreiben intensiv nach Knoblauch

Merkmale 0,2–1 m hohe Pflanze; Blätter gegenständig, herzförmig und am Rand grob gezähnt; kleine weiße Blüten in einer Traube am Ende des Stängels; Blütezeit Mai bis Juni. **Vorkommen** Häufige Pflanze schattiger, feuchter Waldränder, Wegränder und Gebüsche. **Wissenswertes** Die Art bildet zusammen mit Giersch und Brennnessel auf nährstoffreichen, lockeren, nicht zu trockenen Böden große Bestände. Sie ist auch unter dem Namen Lauchkraut bekannt und stand früher als appetitanregende Salat-, Würz- und Heilpflanze in jedem Bauerngarten. Noch heute würzt man damit Fisch.

Strandkohl, Meerkohl

Crambe maritima

> typische Pflanze des Spülsaumes
> wird mittlerweile immer seltener

Merkmale Stängel 25–80 cm hoch; große, blaugrüne Blätter; zahlreiche weiße Blüten in doldenähnlichen Blütenständen; Blütezeit Mai bis Juli. **Vorkommen** Ostseeküste, Atlantik. **Wissenswertes** Der Strandkohl ist die Urform aller Kohlarten. Italienische Kreuzfahrer brachten ihn vor etwa 400 Jahren aus Zypern in ihre Heimat mit und verbreiteten ihn von da über ganz Europa. Besonders an der Küste Englands ist der Meerkohl eine beliebte Gemüsepflanze. Seine Sprosse und die jungen, noch nicht ganz entfalteten Blätter schmecken, roh oder gekocht, süß und brokkoliartig.

Kletten-Labkraut

Galium aparine

> einjährige Pflanze
> Stängel, Blätter und Früchte mit Widerhaken besetzt

Merkmale Alles überwuchernde Wegrandpflanze; schlaffer, vierkantiger, 0,3–1,5 m langer Stängel, der sich mit rückwärts gerichteten Borsten an anderen Pflanzen festhält; Blätter in Quirlen zu 6–8; kleine sternförmige Blüten; Blütezeit Juni bis August. **Vorkommen** Wegränder, Heckensäume. **Wissenswertes** Das Kletten-Labkraut gehört wie die Brennnessel zu den nitrophilen Arten. Auf nährstoffreichen Böden bildet es übergroße Bestände. Für die Verbreitung seiner Klettfrüchte sorgen nicht nur Tiere. Auch jeder Spaziergänger hat sie schon ungewollt ein Stück mitgenommen.

Waldmeister

Galium odoratum

> typische Schattenpflanze im Laubwald
> duftet beim Welken intensiv süß

Merkmale Stängel vierkantig, 5–25 cm hoch; Blätter in Quirlen zu 6–8 stockwerkartig übereinander; trichterförmige Blüten; Blütezeit von April bis Mai. **Vorkommen** Sehr häufig und in großen Beständen in schattigen Buchenwäldern. Fehlt auf kalkarmen Böden. **Wissenswertes** Botaniker nennen den Waldmeister Duft-Labkraut. Er würzt mit seinem Aroma Speisen und Getränke und verleiht auch der bekannten Maibowle ihren unvergleichlichen Geschmack. Allerdings muss er vor der Blüte gepflückt werden und sollte etwa eine Stunde welken. Erst dann wird der Duftstoff, das Kumarin, frei.

Froschlöffel

Alisma plantago-aquatica

> überall im Sumpf
> eiförmige Blätter, die an Löffel erinnern

Merkmale 0,2–1 m hohe Wasserpflanze mit pyramidenförmigem Blütenstand; Luftblätter lang gestielt, löffelförmig zugespitzt (Name); Unterwasserblätter bandförmig schmal; Blütezeit Juni bis September. **Vorkommen** Auf schlammigen, nährstoffreichen Böden, an den Ufern stehender oder langsam fließender Gewässer. **Wissenswertes** Die amphibische Pflanze kann Sumpfflächen besiedeln, aber auch im Wasser leben. Ihre Blüten öffnen sich erst am Nachmittag. Bestäuber sind kleine Schwebfliegen, deren Larven sich im Wasser entwickeln. Die Samen des Froschlöffels sind schwimmfähig.

Schattenblümchen

Maianthemum bifolium

> wird auch »Falsches Maiglöckchen« genannt
> Früchte nicht pflücken, giftig!

Merkmale Häufige, etwa 10 cm hohe Pflanze schattiger Wälder; 2 herzförmige Blätter; weiße Blüten, bilden einen traubenähnlichen Blütenstand; Blütezeit Mai bis Juni. **Vorkommen** Laub- und Nadelwälder. **Wissenswertes** Die Pflanze heißt in England »May-flower«, also »Maiblume«. Nichts anderes bedeutet auch der botanische Gattungsname. Der botanische Artname »bifolium« beschreibt ein markantes Merkmal des Schattenblümchens: die Zweiblättrigkeit. Vögel fressen im Herbst die erbsengroßen roten Früchte und sorgen so für die Verbreitung der Samen. **Giftig**.

Hexenkraut

Circaea lutetiana

> wächst sogar im schattigsten Wald
> oft zusammen mit Efeu zu finden

Merkmale Stängel 20–60 cm hoch, behaart; Blätter gegenständig, herzförmig, matt; Blütenstand aus kleinen weißen bis rosafarbenen Blüten; Blütezeit Juni bis August. **Vorkommen** Auwälder, feuchte Laub- und Mischwälder. **Wissenswertes** Seinen deutschen und lateinischen Namen erhielt das Hexenkraut zum einen nach Circe, einer für ihre Zauberkünste bekannten Gestalt der griechischen Sage, zum anderen deshalb, weil seine Klettfrüchte sich beim Spaziergang an alle Kleider hängen und fest haften. Früher wurde es zum Schutz vor Hexerei an die Tür gehängt.

Wiesen-Bärenklau

Heracleum sphondylium

> Blätter wie Bärentatzen
> Blütendolden gleichen aufgespannten Regenschirmen

Merkmale Kräftige, auffallend große Pflanze; Stängel 0,3–1,5 m hoch, hohl, kantig gefurcht und borstig behaart; Blätter bis 50 cm lang, tief gelappt; Blattscheiden aufgeblasen; Blütendolden aus 15–30 Strahlen zusammengesetzt; Blütezeit Juni bis September. **Vorkommen** Gedeiht in Massen auf überdüngten Wiesen, an Straßen- und Wegrändern. **Wissenswertes** Die Inhaltsstoffe der Pflanze gehören zu den phototoxischen Wirkstoffen. Sie verursachen auf der Haut unter Einwirkung von Sonnenlicht Rötungen und schmerzhafte Blasen, die bekannte »Wiesendermatitis«.

Wiesen-Kerbel

Anthriscus sylvestris

> wohl häufigstes Doldengewächs
> bildet im Mai weiße Straßenränder

Merkmale 0,6–1,5 m hohe, kräftige Pflanze mit rot überlaufenem, hohlem Stängel; Blätter glänzend dunkelgrün, in viele gezähnte Abschnitte geteilt; Blütendolde aus kleinen weißen Einzelblüten; Blütezeit April bis Juni. **Vorkommen** Verbreitet auf Fettwiesen, an Gebüsch- und Wegrändern, bis in 2400 m Höhe. **Wissenswertes** Wo der Boden besonders nährstoffreich ist, wächst der Wiesen-Kerbel massenhaft. Als Stickstoff liebende Art ist er ein Indikator für den Grad der Überdüngung unserer Kulturlandschaft. Auf dem Land wird er oft auch Kälberkropf genannt. **Schwach giftig**.

Wilde Möhre

Daucus carota

> nach der Blüte ziehen sich die vertrocknenden Dolden nestartig zusammen

Merkmale Das sicherste Kennzeichen der 30–90 cm hohen Pflanze ist eine rotschwarze Einzelblüte (»Mohrenblüte«) im Zentrum der weißen Blütendolde; Blätter ähnlich denen von Gartenmöhren; Blütezeit Mai bis September. **Vorkommen** Wächst überall auf Grünland, an Wegrändern und Feldrainen. **Wissenswertes** Aus der Wilden Möhre wurde unsere Gelbe Rübe gezüchtet. Erste Kulturformen waren bereits den Germanen bekannt. Durch ihren Gehalt an Karotin, das sich im Körper in Provitamin A umwandelt, sowie an den Vitaminen B und C ist die Möhre für die Ernährung wertvoll.

Wald-Sanikel

Sanicula europaea

> gedeiht auch im schattigsten Wald
> Humuszeiger
> Früchte mit Hakenstacheln

Merkmale Aufrechte, 20–40 cm hohe Pflanze mit schirmartigen Blütenständen aus mehreren Köpfchendolden; Blütenstängel fast ohne Blätter; Grundblätter lang gestielt, handförmig; Blütezeit Mai/Juni. **Vorkommen** In Buchen-, Eichen- und Mischwäldern auf kalk- und nährstoffreichen Lehmböden. **Wissenswertes** Im Altertum galt die Pflanze als Universal-Heilmittel. Im Mittelalter lobte man ihre große wundheilende Wirkung. Heute nutzt man sie nur noch zum Gurgeln bei Entzündungen im Mund- und Rachenraum. Sie heißt auch »Waldklette«, denn ihre Früchte tragen Hakenstacheln.

Wald-Erdbeere

Fragaria vesca

> Stickstoffzeiger-Pflanze
> Blätter riechen beim Zerreiben nach Rosen

Merkmale 5–20 cm hoher Stängel; dreilappige Blätter an langen Stielen; kleine, rote Früchte; Blütezeit April bis Juli. **Vorkommen** Laub- und Nadelwälder. Auch in Hecken und Gebüschsäumen. Liebt nährstoff- und kalkreiche Böden. **Wissenswertes** Erdbeeren wachsen seit Jahrtausenden in unseren Wäldern. Bereits in der Antike haben römische Dichter wie Ovid ihre Vorteile gerühmt. Er nannte sie »frega« oder »fregum«, woran noch heute der französische Name »fraise« erinnert. Der botanische Name *Fragaria*, abgeleitet von *fragare* = duften, erschien erstmals im Jahre 1330.

Echtes Mädesüß

Filipendula ulmaria

> das Aspirin der Natur: Ein Tee aus den Blüten vertreibt Kopfschmerzen

Merkmale Kräftige Staude mit 0,5–2 m hohem, kantigem Stängel; Blätter unpaarig gefiedert, mit großen und kleinen Teilblättchen; dichte Blütenstände aus kleinen, gelbweißen Blüten; Blütezeit Juni bis August. **Vorkommen** Pflanze feuchter Wiesen. Dichte Bestände auch im Ufergebüsch von Mittelgebirgs- und Alpenbächen. **Wissenswertes** Der intensiv süße, mandelartige Duft des Mädesüß durchdringt ganze Flusstäler. Heute wird die Pflanze als Aromamittel für Süßspeisen, Säfte und Fruchtweine gerade wieder entdeckt. Früher nahm man ihre Wurzeln zum Bierbrauen.

Alpen-Hahnenfuß

Ranunculus alpestris

> mittel- und südeuropäische Gebirgspflanze
> manchmal mit gefüllten Blüten

Merkmale Gebirgspflanze mit fettig glänzenden, drei-bis fünflappigen Blättern; Stängel 5–10 cm hoch, gefurcht, nur eine Blüte; Blütezeit Mai bis September. **Vorkommen** Zwischen 1500 und 3000 m Höhe in Schneetälchen, offenen Rasen, auf feuchtem Gesteinsschutt. **Wissenswertes** Der Alpen-Hahnenfuß ist darauf eingerichtet, lange vom Schnee bedeckt zu sein. Er entwickelt seine Blätter bereits unter der Schneedecke und entfaltet sie sofort nach der Schmelze. Gamskress heißt er im Volksmund, weil die Blätter oft von Gämsen gefressen werden und kresseartig scharf schmecken. **Schwach giftig**.

Christrose

Helleborus niger

> blüht oft schon im Schnee
> Blätter wintergrün
> Gartenformen im Handel

Merkmale Als Schneerose bekannt; 10–30 cm hoch; Blätter fünf- bis neunlappig, ledrig, dunkelgrün, gesägter Rand; Stängel rund, fleischig, rötlich braun; Blüten mit 5 weißen Blütenblättern, zahlreichen gelben Staubblättern und kleinen duftenden Honigblättern; Blütezeit Dezember bis März **Vorkommen** Bergwälder. **Wissenswertes** Die Christrose ist die erste Blume des Jahres. »Schwarze Nieswurz« wird sie auch genannt, weil ein Pulver aus ihren zerriebenen Wurzeln heftigen Niesreiz verursacht. Ihre Samen tragen ölhaltige Anhängsel und werden von Ameisen verbreitet. **Geschützt. Giftig**.

Wasser-Hahnenfuß

Ranunculus aquatilis

> bildet oft große Blütenteppiche auf Fischteichen
> Lebensraum für Libellen

Merkmale Blütenreiche Wasserpflanze; Stängel 0,5–2 m lang; Nierenförmige, gelappte Schwimmblätter und haarfeine Tauchblätter; duftende, weiße Blüten ragen auf langen Stielen über die Wasseroberfläche empor; Blütezeit Mai bis August. **Vorkommen** Stehende oder langsam fließende Gewässer. **Wissenswertes** Die Art gilt als Beispiel für Verschiedenblättrigkeit. Sie besitzt breite Schwimmblätter und schmale Tauchblätter. Die Unterwasserblätter brauchen eine möglichst große Oberfläche, um Gase und Nährsalze aus dem Wasser aufzunehmen, und sind deshalb fein aufgespalten.

Salzmiere

Honckenya peploides

> typische Salzpflanze
> Sandblütigkeit: Pollen werden von Flugsandkörnern übertragen

Merkmale Strandpflanze mit kaum fingerhohen, fleischigen, gelbweißen, dicht beblätterten Stängeln; Blüten nur im oberen Stängelbereich; Blütezeit Juni/Juli. **Vorkommen** Wächst rasenartig in Spülsäumen an Nord- und Ostsee, auf Vordünen und Inseln. **Wissenswertes** Die Salzmiere ist ein typisches Beispiel für die Anpassung an schwierige Lebensbedingungen. Mit einer tief reichenden Pfahlwurzel und der Fähigkeit, in den dickfleischigen Stängeln und Blättern Süßwasser zu speichern, können ihr Überflutungen mit Salzwasser oder Sandverwehungen nichts anhaben.

Große Sternmiere

Stellaria holostea

> bildet im Mai weiße Ränder an Laubwäldern
> Blätter wintergrün

Merkmale Zerbrechlich wirkende Pflanze mit vierkantigem, 10–40 cm hohem Stängel; Blätter gegenständig, starr, lang zugespitzt; Blüten auf langen Stielen, mit 5 bis zur Mitte gespaltenen Blütenblättern; Blütezeit April bis Juni. **Vorkommen** Weit verbreitet in halbschattigen Lagen feuchter Laub- und Mischwälder, auch in Heckensäumen und Gebüschen. **Wissenswertes** Wie viele Pflanzen schattiger Standorte welkt auch die Große Sternmiere bereits wenige Minuten nach dem Pflücken. Wegen der Form und der Farbe ihrer Blüten wird sie in Hessen »Kaffeeschälche« genannt.

Taubenkropf-Leimkraut

Silene vulgaris

> bei Nacht intensiv kleeartiger Duft
> heißt auch »Blasenkraut«

Merkmale 20–50 cm hohe Pflanze; eindeutiges Kennzeichen sind die aufgeblasen wirkenden Blüten; die Kelchblätter sind zu einer braunrosafarbenen Röhre verwachsen, aus der die weißen, tief eingeschnittenen Kronblätter herausragen; Blütezeit Juni bis August. **Vorkommen** Trockene Wiesen, Weg- und Gebüschränder. **Wissenswertes** Diese häufige Pflanze bildet nie große Bestände, sondern wächst nur vereinzelt. Ihre Wurzeln reichen tief in den Boden. Der besonders geformte Blütenkelch wirkt wie ein Windfang. Schon beim leisesten Hauch werden die Samen herausgeschüttelt.

Ährige Teufelskralle

Phyteuma spicatum

> Charakterpflanze von Laubmischwäldern
> im Nordwesten selten

Merkmale Unverwechselbare, 20–90 cm hohe Pflanze; die weißen Blüten stehen in einem walzenförmigen Blütenstand und sind vor dem Aufblühen krallenartig gekrümmt; Blütezeit Mai bis Juli. **Vorkommen** Besiedelt Laub- und Nadelmischwälder, auch Bergwiesen. **Wissenswertes** Warum die Pflanze mit den ungewöhnlichen Blütenknospen ausgerechnet Teufelskralle genannt wurde, ist heute nicht mehr nachzuvollziehen. Ihre Volksnamen sind da schon eher zu deuten: »Tröpfchenkraut« heißt sie wegen ihrer gefleckten Blätter, Rapunzel wegen ihrer rübenförmig verdickten Wurzel.

Wald-Sauerklee

Oxalis acetosella

> das Kleeblatt im Wald
> weiße Blüten mit roten Äderchen

Merkmale Eine unserer häufigsten Waldpflanzen; 5–15 cm hoch; Blätter lang gestielt, kleeblattartig; Blüten mit rötlichen Adern auf weißem Grund; Blütezeit April/Mai. **Vorkommen** Laub- und Nadelmischwälder. **Wissenswertes** Der Sauerklee wächst selbst an schattigsten Stellen im Wald, dort, wo nur noch 1% des Sonnenlichts den Boden erreicht. Mit so wenig Licht auszukommen, ist für eine mitteleuropäische Grünpflanze rekordverdächtig. Nachts klappen die Blätter nach unten. Am Morgen heben sie sich wieder in die Waagerechte. Diese Bewegungen steuert das Licht.

Fieberklee

Menyanthes trifoliata

> Zuchtformen erhältlich
> gedeiht besonders gut auf sauren Torfböden

Merkmale Eine der schönsten Wildpflanzen Mitteleuropas; 15–30 cm hoch; Blätter wie große Kleeblätter; Blüten in Trauben am Stängelende; Blütenblätter mit vielen bartartigen Fransen; Blütezeit April bis Juni. **Vorkommen** In Verlandungssümpfen von Teichen, in Mooren. **Wissenswertes** In Notzeiten aß man die Vitamin-C-haltigen Blätter und Wurzeln des Fieberklee, um Skorbut vorzubeugen. Weil ihre Bitterstoffe die Verdauung fördern, wurde die Pflanze bei uns lange auch für die Herstellung von Magenbitterlikören verwendet. In Schweden nutzte man den Fieberklee als Hopfenersatz beim Bierbrauen. Heute ist der Fieberklee geschützt.

Dunkler Mauerpfeffer
Sedum atratum

> Blätter und Stängel oft dunkelpurpurn oder rötlich braun überlaufen

Merkmale Nur 2–8 cm hohes Pflänzchen mit walzenförmigen fleischigen Blättern; 3–6 Blüten stehen dicht gedrängt am Stängelende; Blütezeit Juli/August. **Vorkommen** In den Kalkalpen zwischen 1500 und 2800 m, auf Felsschutt; häufig. **Wissenswertes** Der dunkle Mauerpfeffer ist eine der wenigen einjährigen Hochgebirgspflanzen, d.h. er durchläuft seinen gesamten Lebenszyklus in einer einzigen Vegetationsperiode. Während im Tal noch 33% aller Pflanzen einjährig sind, gibt es über 1800 m Höhe nur 6% davon. Oberhalb der Schneegrenze fehlen sie.

Milchkraut
Glaux maritima

> meidet das Watt
> kugelige Kapselfrucht, zerfällt bei Reife in 5 Teile

Merkmale Zierliche Pflanze mit liegendem, nur an den Spitzen etwa 3 cm aufsteigendem Stängel; gegenständig angeordnete Blätter in dichten Reihen; kleine rosaweiße Blüten, sitzen ohne Stiel in den Blattachseln; Blütezeit Mai bis August. **Vorkommen** Küstennahe Salzwiesen, selten im Binnenland. **Wissenswertes** Fast teppichartig bedeckt das Milchkraut sandige und schlickige Salzwiesen, die von der regelmäßigen Flut nicht erreicht werden. Diese Pflanze ist von Nordspanien bis an die arktischen und baltischen Küsten verbreitet. Auch an Nord- und Ostsee fehlt sie nicht.

Zaunwinde
Calystegia sepium

> Blüten welken bereits nach einem Tag
> Blüten schließen sich bei Regen

Merkmale Linkswindende Kletterpflanze mit 1–3 m langen Stängeln, großen, pfeilförmigen Blättern und schneeweißen, trichterförmigen Blüten, die Durchmesser bis zu 5 cm erreichen; Blütezeit Juni bis September. **Vorkommen** Auwälder, feuchte Hecken, Ufergebüsch von Teichen, Gärten. **Wissenswertes** Nur an anderen Pflanzen kann sich die Zaunwinde zum Licht emporranken. Ihre Blüten gehören zu den größten der heimischen Pflanzenwelt. »Muttergottesgläschen« werden sie im Volksmund genannt. Der langrüsselige Windenschwärmer, ein Schmetterling, ist eng auf diese Blüten spezialisiert und ernährt sich von ihrem Nektar.

Margerite
Leucanthemum vulgare

> sieht aus wie ein großes Gänseblümchen
> großblütige Gartenformen im Handel

Merkmale 20–90 cm hohe Wiesenblume mit großen Blütenkörbchen aus weißen Zungenblüten und gelben Röhrenblüten; Stängelblätter lang, schmal und am Rand gezähnt; Blütezeit Mai/Juni. **Vorkommen** Wiesen, Weiden, neu angelegte Wege, grasige Böschungen. **Wissenswertes** Als Pionierpflanze gedeiht die Margerite auf allen Böden, die nicht zu nass und nährstoffarm sind. Sie wächst von der Ebene bis in Höhenlagen von 2000 m. An neu angelegten Straßen und Böschungen tritt sie oft als Erste und in großen Beständen auf. Deshalb wird sie volkstümlich auch »Wucherblume« genannt.

Echte Kamille
Matricaria recutita

> kurz vor dem Verblühen sind die Zungenblüten nach unten umgeschlagen

Merkmale Aromatisch duftende Pflanze; 15–50 cm hoch; Blätter wechselständig, tief in viele schmale Abschnitte geteilt; Blütenköpfe aus weißen Zungen- und gelben Röhrenblüten; Blütezeit Mai bis August. **Vorkommen** An Äcker-, Weg- und Straßenrändern mit nährstoffreichen Böden. **Wissenswertes** Wohl keine Pflanze hat den Menschen mehr genützt als diese. Das »Kraut der Mütter« hilft bei Menstruationsbeschwerden, Magenleiden und Schlafstörungen. Es heilt Wunden, lindert Schnupfen und Zahnschmerzen. Besonders heilkräftig soll die Pflanze um Sonnwend sein.

Wiesen-Schafgarbe
Achillea millefolium

> Blätter und Blüten mit charakteristischem Duft
> wurzelt sehr tief

Merkmale Kräftige, 15–60 cm hohe Hochsommerblume; die Blätter sind tief in viele kleine schmale Abschnitte geteilt; einzelne weiße Blütenkörbchen bilden einen doldenartigen Blütenstand; Blütezeit Juni bis Oktober. **Vorkommen** Wiesen, Feldraine, Wegränder. **Wissenswertes** Weil die einzelnen schmalen Blattabschnitte wie viele winzige Blättchen aussehen, erhielt die Schafgarbe den wissenschaftlichen Artnamen *millefolium*, d.h. tausendblättrig. Fein zerhackt geben diese Blätter Salaten und Eintöpfen einen pfeffrigen Geschmack. Früher färbte man damit Wolle in Gelb- und Brauntönen.

Gänseblümchen

Bellis perennis

> die ersten Blätter im Frühling sind ein ausgezeichnetes Wildgemüse

Merkmale Eine der bekanntesten heimischen Wildpflanzen; 3–15 cm hoch; die Blätter liegen in einer Rosette direkt am Boden; Blütenstängel ohne Blätter; die Blüte besteht aus weißen Zungenblüten und gelben Röhrenblüten. **Vorkommen** In Wiesen, Weiden, an Wegrändern, auf Parkrasen. **Wissenswertes** In wintermilden Gegenden blüht das Gänseblümchen das ganze Jahr. Der schwedische Botaniker Carl von Linné nannte es wohl deshalb *Bellis perennis*, d.h. »das ganze Jahr schön«. Seine Blüten sind aber nur an sonnigen Tagen geöffnet. Nachts und bei Regen schließen sie sich.

Edelweiß

Leontopodium alpinum

> verliert in tieferen Lagen sein typisches Aussehen
> viele Volksnamen

Merkmale Auffällig silbrig behaarte Alpenblume; 5–20 cm hoch; schmale Blätter; mehrere goldgelbe Blütenköpfe pro Stängel werden zusammen von weißfilzigen Hochblättern sternförmig umgeben. Blütezeit Juli bis September. **Vorkommen** Felsspalten, magere Wiesen mit steinigem kalkreichen Untergrund. **Wissenswertes** Keine Alpenpflanze ist so berühmt wie das Edelweiß. Es ist das Sinnbild des Hochgebirges und das Zeichen vieler Alpenvereine. Seine dichte Behaarung erfüllt einen doppelten Zweck: Sie ist ein wirksamer Verdunstungsschutz und ein Locksignal für Insekten. **Geschützt**.

Silberdistel

Carlina acaulis

> die Wetterdistel der Bergwanderer
> sieht aus wie eine Distel ohne Stiel

Merkmale Stängel 5–40 cm hoch; Blätter silbergrau, dornig und tief eingeschnitten; großer Blütenkopf, der außen von stacheligen und innen von silbrigen, schmalen Hüllblättern eingerahmt ist; Blütezeit Juni bis September. **Vorkommen** Im gesamten Alpenraum auf trockenen Wiesen, an Wegrändern. **Wissenswertes** Mit ihren dornigen Blättern schützt sich diese Distel vor Tierfraß, mit ihren langen Wurzeln vor der Austrocknung im steinigen Boden. Bei sonnigem Wetter sind ihre Blütenköpfe geöffnet, bei Regen schließen sie sich. »Barometerwurz« wird sie deshalb auch genannt. **Geschützt**.

Weiße Silberwurz

Dryas octopetala

> charakteristisches Merkmal sind die dicht fedrig behaarten Früchte

Merkmale Zwergstrauch, nur 2–10 cm hoch; Blätter ledrig, immergrün; Blüten einzeln auf langen behaarten Stielen in den Achseln der Blätter; Blütezeit Juni/Juli. **Vorkommen** In den Alpen auf Gesteinsschutt und Moränen, an windexponierten Felsköpfen. **Wissenswertes** Die Weiße Silberwurz besiedelt zwei weit auseinander liegende Areale. Sie wächst in allen mitteleuropäischen Hochgebirgen sowie rund um den Nordpol. Auf Island bildet sie große geschlossene Heiden, in Nordschweden stellt sie zusammen mit Moosen und Flechten die Hauptflora der Tundren. **Geschützt**.

Weißer Germer

Veratrum album

> eine der gefährlichsten Giftpflanzen Mitteleuropas
> Blüten riechen unangenehm

Merkmale 50–150 cm hohe Giftpflanze mit kräftigem Stängel; Blätter wechselständig, breit oval und mit deutlichen Längsstreifen; zahlreiche weißgrüne Blüten; Blütezeit Juni bis September. **Vorkommen** Weit verbreitet auf Bergwiesen mit kalkhaltigen, feuchten Böden. **Wissenswertes** Der Weiße Germer enthält Giftstoffe in hoher Konzentration. Bereits 1–2 g der getrockneten Wurzel sind für den Menschen tödlich. Schon der Name »Germer« ist ein Hinweis auf die Giftwirkung der Pflanze. Er leitet sich vom althochdeutschen »Hramse« für Marterwerkzeug ab. **Giftig**.

Alpen-Küchenschelle

Pulsatilla alpina

> Trockenpflanze mit sehr langen Wurzeln
> perückenartiger Fruchtstand

Merkmale 15–30 cm; Blätter in viele schmale Abschnitte gegliedert; Blüten außen oft violett überlaufen, anfangs glockenförmig, voll aufgeblüht aber sternförmig; Blütezeit Juni bis August. **Vorkommen** Nur in den Alpen und auf kalkreichem Untergrund. Dort ziemlich häufig auf steinigen Wiesen und Geröll. **Wissenswertes** Alle Küchenschellen bevorzugen trockene Magerrasen. Bei Düngung oder Nässe verschwinden sie sofort. Dass diese Pflanze nichts mit der Küche zu tun hat, verrät der ursprüngliche Name »Kuhschelle«. Er bezieht sich offensichtlich auf die Form der Blüte. **Geschützt**. **Giftig**.

Busch-Windröschen

Anemone nemorosa

> bildet ausgedehnte Blütenteppiche
> Samen werden durch Ameisen verbreitet

Merkmale Bekannte Frühlingsblume, 5–25 cm hoch; Blätter dreiteilig; pro Stängel eine weiße, am Rand oft rosa überlaufene Blüte; Blütezeit März bis Mai. **Vorkommen** Laub- und Nadelwälder, im Bergland auch auf Wiesen. **Wissenswertes** Als Frühblüher nutzt das Busch-Windröschen die lichtreichste Zeit in seinem Lebensraum. Es entfaltet seine Blüten in der schmalen Zeitspanne zwischen Schneeschmelze und Belaubung der Bäume. Die Pflanze enthält in allen Teilen Gifte wie Protoanemonin und Anemonin. Für die mittelalterlichen Jäger war ihr Saft ein häufig verwendetes Pfeilgift. **Giftig**.

Frühlings-Knotenblume

Leucojum vernum

> lampenschirmähnliche Blüten
> große Ähnlichkeit mit dem Schneeglöckchen

Merkmale Zwiebelpflanze, 5–25 cm hoch; Blätter lang, schmal; glockenförmige Blüte, besteht aus 6 gleich langen Blütenblättern, alle mit gelbgrünem Fleck an der Spitze; Blütezeit Februar bis April. **Vorkommen** Wälder, Gebüsche. Auch auf Sumpfwiesen. Braucht frische, feuchte, nährstoffreiche Böden. **Wissenswertes** Märzenbecher oder Märzglöckchen wird die Pflanze auch genannt, weil ihre Hauptblütezeit in den März fällt. Und weil ihre Blütenglocken ähnlich intensiv duften wie Veilchenblüten, erhielt sie den wissenschaftlichen Namen *Leucojum*, d.h. weißes Veilchen. **Geschützt. Giftig.**

Frühlings-Krokus

Crocus vernus subsp. *albiflorus*

> Krokusblüten sind nur kurzlebig
> die Blätter erscheinen erst nach der Blüte

Merkmale Stängel 8–15 cm hoch; Blätter grasartig schmal, grün mit weißem Mittelstreifen; Blüten aus 6 weißen, manchmal auch violetten, unten zu einer Röhre verwachsenen Blütenblättern; Blütezeit Februar bis April. **Vorkommen** Wild auf Bergwiesen der Alpen, im Voralpengebiet. Viele Gartenformen. **Wissenswertes** Der Frühlings-Krokus blüht bereits zwischen Schneeresten. »Schneebleaml« wird er deshalb auch genannt. Da in dieser Jahreszeit mit vielen Kälteeinbrüchen und demzufolge wenig Insektenbesuch gerechnet werden muss, können sich seine Blüten selbst bestäuben. **Geschützt**.

Bär-Lauch

Allium ursinum

> bildet an seinen Standorten ausgedehnte Bestände
> Grundwasserzeiger

Merkmale Pflanze mit intensivem Knoblauchgeruch; 15–50 cm hoch; 2 lang gestielte Blätter, die an die Blätter von Maiglöckchen erinnern; kugeliger Blütenstand aus schneeweißen Einzelblüten an der Stängelspitze; Blütezeit April bis Juni. **Vorkommen** Schattige, feuchte Laubmischwälder. **Wissenswertes** Früher wurde der Bär-Lauch als magenwirksame und blutdrucksenkende Heilpflanze genutzt. Heute gewinnt er in der Wildkräuterküche wieder an Bedeutung. Die ganze Pflanze eignet sich klein geschnitten hervorragend zum Würzen von Salaten, Suppen, Käse und Quark.

Maiglöckchen

Convallaria majalis

> ein Maiglöckchenstrauß gehört auch heute noch zu Konfirmation und Hochzeit

Merkmale Blütenstängel 10–25 cm hoch, blattlos, wird umhüllt von 2 hellgrünen Blättern; Blüte glockenförmig, hängend, duftet intensiv; Blütezeit Mai/Juni; scharlachrote Beerenfrüchte. **Vorkommen** Häufige Pflanze in Eichen- und Buchenwäldern sommerwarmer Klimalagen. **Wissenswertes** Tritt das Maiglöckchen in sehr schattigen Wäldern auf, bildet es oft nur Blätter, aber keine Blüten aus. Alle Pflanzenteile, besonders aber Blätter und Blüten, enthalten zahlreiche herzwirksame Stoffe. Vorsicht: Für eine Selbstmedikation ist die Pflanze nicht geeignet. **Geschützt. Giftig.**

Weiße Seerose

Nymphaea alba

> besitzt die größten Blüten in Mitteleuropa
> braucht Wassertiefen zwischen 0,5 und 3 m

Merkmale Schwimmblattpflanze; Blüten über 15 cm Durchmesser; Blätter rund bis herzförmig; Stängel rund, 0,5–3 m lang; Blütezeit Juni bis September. **Vorkommen** Langsam fließende oder stehende Gewässer. **Wissenswertes** Die charakteristische Schwimmpflanze zeigt viele Anpassungen an das Wasserleben: Schwimmblätter mit einer Wasser abstoßenden Wachsschicht, elastische Blatt- und Blütenstiele für Wellengang und Schwankungen des Wasserstandes, eine dicke Speicherwurzel zum Überwintern. Sie öffnet die weißen Blüten nur in den hellen Tagesstunden. **Geschützt**.

Weißer Steinklee

Melilotus albus

> duftet getrocknet nach Waldmeister
> vertreibt Motten im Wäscheschrank

Merkmale Stängel 0,5–1,5 m hoch; Blätter kleeartig dreiteilig, Teilblättchen eiförmig, am Rand grob gezähnt; weiße Blüten in langen ährenartigen Blütenständen; Blütezeit Juli bis September. **Vorkommen** Häufig an Wegrändern und Bahndämmen, auf Schuttplätzen, in Kiesgruben. **Wissenswertes** Der Steinklee beherbergt in besonderen Knöllchen an den Wurzeln Bakterien, die den Stickstoff der Luft binden können. Deshalb wird er als Gründünger in der Landwirtschaft angebaut. Weil seine Stängel bis zu 150 cm hoch wachsen können, wird er auch »Riesenklee« genannt.

Weiße Taubnessel

Lamium album

> zuverlässige Zeigerpflanze für nährstoffreiche Lehmböden

Merkmale Brennnesselartige Pflanze ohne Brennhaare; 15–50 cm hoch; Stängel vierkantig; Blätter kreuzweise gegenständig angeordnet; Blüten cremeweiß, stehen in Quirlen zu 5–8 in den Blattachseln; Blütezeit April bis Oktober. **Vorkommen** Wegränder, Bahndämme, Gebüsche. **Wissenswertes** Die Heimat der Weißen Taubnessel ist Sibirien, aber sie wächst heute in ganz Europa. Sie verbreitet als frische Pflanze einen unangenehmen, muffigen Geruch, aber nach dem Trocknen duftet sie angenehm süß. Mit dieser nektarreichen Blume süßte man früher Puddings und sogar Schnaps.

Weiß-Klee

Trifolium repens

> winterfeste Trittpflanze
> das weiße Band in jedem Blatt erinnert an ein Hufeisen

Merkmale 5–20 cm hoch; Blätter an langen Stielen, dreiteilig, oft mit einer hellen bandartigen Zeichnung; duftende, kugelige, weiße Blütenköpfchen. **Vorkommen** Wiesen, Weiden, Garten- und Parkrasen. **Wissenswertes** *Trifolium* heißt Dreiblatt, und tatsächlich bestehen die Blätter dieses Klees aus drei kleinen Einzelblättchen. Mit dem Nektarreichtum seiner Blüten liefert er vielen Insekten den Treibstoff zum Fliegen. Zupft man eine Einzelblüte ab und lutscht sie aus, schmeckt man den süßen Nektar. Weiß-Klee ist auch eine wertvolle Viehfutterpflanze.

Blutwurz

Potentilla erecta

> die ganze Pflanze ist mit eng anliegenden seidigen Härchen bedeckt

Merkmale 15–30 cm hoher Stängel; Stängelblätter bestehen aus 5 gezähnten Teilblättchen; gelbe Blüten in den Blattachseln; Blütezeit Mai bis August. **Vorkommen** In Laub-, Misch- und Nadelwäldern, auf Heiden, in Mooren. Braucht kalkarme Böden. **Wissenswertes** Blutwurz heißt die gelb blühende Pflanze, weil sich ihre Wurzel nach dem Anschneiden rötlich färbt. Schon in der Antike wurde die Art als Heilpflanze genutzt. Und auch heute verwendet man die Inhaltsstoffe des Wurzelstocks pharmazeutisch, vor allem für die Herstellung von Mundwassern und zum Blutstillen.

Schöllkraut

Chelidonium majus

> die Pflanze enthält goldgelben Milchsaft, der die Haut braun färbt

Merkmale Stängel 20–90 cm hoch; Blätter gefiedert; Blüten mit leuchtend gelben Kronblättern; Blütezeit April bis November; schotenförmige Kapselfrucht mit schwarz glänzenden Samen. **Vorkommen** Auf nährstoffreichen Böden, auf Ödland, an Wegrändern, alten Mauern. **Wissenswertes** Das Schöllkraut blüht vom Frühling bis in den Spätherbst, auch an schattigen Standorten. Mit Ölkörperchen an den Samen belohnt es Ameisen, die für seine Verbreitung sorgen. So kann es auch auf Mauern, in Steinritzen und Astgabeln wachsen. Volkstümlich bekannt ist es als Warzenmittel. **Giftig**.

Sonnenwend-Wolfsmilch

Euphorbia helioscopia

> der Milchsaft ist giftig und darf deshalb nicht in die Augen gelangen

Merkmale Pflanze mit weißem Milchsaft; 5–40 cm hoch; Blätter verkehrt eifrömig, am vorderen Rand gesägt; fünfstrahliger Blütenstand; Blütezeit April bis Oktober. **Vorkommen** Häufig auf Äckern, in Gärten, an Wegrändern. **Wissenswertes** Ein Kulturbegleiter seit der jüngeren Steinzeit und eines unserer häufigsten Unkräuter. Die Pflanze liebt nährstoffreiche Böden und wächst überall in der Nähe von Siedlungen. Ihr Blütenstand wendet sich der Sonne zu. Daher kommt auch der botanische Name (*helios* = Sonne, *scopein* = sehen). Tiere meiden sie wegen ihres scharfen Geruchs und Geschmacks. **Giftig**.

Hohe Schlüsselblume

Primula elatior

> Pflanze der Wälder
> Frühblüher
> Blüten duften nicht

Merkmale Frühlingsblume mit hellgelben Blüten; 10–30 cm hoch; Blätter runzelig, in einer Rosette am Boden; Blütezeit März bis Mai. **Vorkommen** Laub-, Misch- und Bergwälder. **Wissenswertes** Bei Schlüsselblumen gibt es zwei Formen von Blüten: Bei den einen ist der Griffel lang und die Staubbeutel sitzen tief im Kelch. Bei den anderen ist es genau umgekehrt. Ein Pollenaustausch ist nur zwischen Blüten unterschiedlicher Bauart möglich. Weil sie im Frühling zu den ersten Blühern gehört, nannte man sie wissenschaftlich *Primula*, abgeleitet von *prima*, die Erste. **Geschützt**.

Echte Schlüsselblume

Primula veris

> Pflanze der Wiesen und Wegränder
> Frühblüher
> duftende Blüten

Merkmale Frühlingsblume mit dottergelben Blüten; 5–30 cm hoch; Blätter runzelig, in einer Rosette am Boden, an der Unterseite weich behaart; Blütezeit April/Mai. **Vorkommen** Trockene sonnige Wiesen, Wegränder. Braucht kalkhaltigen Boden. **Wissenswertes** Vor allem diese Schlüsselblume galt schon immer als Heilpflanze. Deshalb erhielt sie auch den deutschen und lateinischen Artnamen »Echte Schlüsselblume«. Blätter, Blüten und die getrocknete Wurzel enthalten Saponine, die man wegen ihrer schleimlösenden Wirkung auch heute noch in der Naturheilkunde einsetzt. **Geschützt**.

Alpen-Aurikel

Primula auricula

> typische Felsenblume
> Stammform der Gartenprimeln
> duftende Blüten

Merkmale Gelbe, duftende Blüten; Blätter in einer Rosette an der Stängelbasis, mehlbestäubt, dick, fleischig und mit knorpeligem Rand; Stängel 5–25 cm hoch und blattlos; Blütezeit von April bis Juni. **Vorkommen** In Felsspalten und auf Geröllfeldern der mitteleuropäischen Hochgebirge. Vereinzelt auch in bayerischen Mooren. **Wissenswertes** Schon Ende des 16. Jahrhunderts entdeckte der Wiener Botaniker Carolus Clusius diese größte und schönste alpine Primel. Ihren besonders geformten Blättern verdankt sie den Namen: *Auricula* bedeutet Öhrchen.

Sumpf-Dotterblume

Caltha palustris

> Blütenblätter glänzend, wie mit Klarlack überzogen
> altes Butterfärbemittel

Merkmale Stängel hohl, 15–60 cm hoch; Laubblätter nierenförmig, glänzend dunkelgrün; glänzende Blütenblätter, innen dottergelb, außen oft grün angehaucht; Blütezeit April bis Juni. **Vorkommen** Bachränder, feuchte Wiesen, Bruchwälder. Bildet vor allem in Erlenbruchwäldern große Bestände. **Wissenswertes** Seltsam ist die Bestäubung der Blüten durch Regenwasser. Wenn sich Wassertropfen in der Blütenschale sammeln, schwimmen die Pollenkörner zur Narbe. Die Pflanze ist zwar schön, aber auch giftig. Ihr Anemonin wirkt ätzend, wird aber beim Trocknen abgebaut. **Schwach giftig**.

Scharfer Hahnenfuß

Ranunculus acris

> zeigt Wasser im Boden an
> heißt im Volksmund Butterblume
> Vogelfuß-ähnliche Blätter

Merkmale Eine der häufigsten heimischen Wildpflanzen; runder, reich verzweigter Blütenstiel, 0,3–1 m hoch; Grundblätter fünf- bis siebenteilig; Blüte mit 5 glänzenden, gelben Blütenblättern; Blütezeit Mai bis Juli. **Vorkommen** Fettwiesen, Weiden. **Wissenswertes** Im Mai bestimmt der Scharfe Hahnenfuß das Bild nährstoffreicher Wiesen. Weniger konkurrenzstarke Arten unterdrückt er, denn seine Wurzeln geben Hemmstoffe ab, die benachbarte Pflanzen in ihrer Entwicklung bremsen. »Scharf« heißt er, weil sein Saft Hautreizungen und Ekzeme verursachen kann. **Giftig**.

Gold-Hahnenfuß

Ranunculus auricomus

> Blütenblätter fallen schnell ab
> Verbreitung der Samen durch Ameisen

Merkmale Blütenstiel rund, 15–40 cm hoch; 2–6 kleine, lang gestielte Grundblätter, Stängelblätter in lange schmale Zipfel aufgeteilt; goldgelbe glänzende Blüte; Blütezeit März bis Mai. **Vorkommen** Helle, feuchte, krautreiche Laubmisch- und Auwälder. Manchmal auch auf Bergwiesen. **Wissenswertes** Die Art sieht dem Scharfen Hahnenfuß sehr ähnlich, blüht aber viel früher. Der lateinische Name *auricomus* bedeutet goldhaarig. Der Volksmund nennt sie deshalb auch »Goldblume« oder »Goldhähnlein«, in England »goldylocks«. Von dieser Pflanze gibt es unzählige Kleinarten. **Schwach giftig**.

Gelbe Teichrose

Nuphar lutea

- die Pflanze wird auch »Mummel« genannt
- grüne flaschenförmige Früchte

Merkmale Wasserpflanze mit 0,5–2,5 m langen Stängeln und breit eiförmigen, ganzrandigen Schwimmblättern, die an der Basis herzförmig eingebuchtet sind; gelbe, kugelige, intensiv duftende Blüten, ragen auf langen Stielen aus dem Wasser; Blütezeit April bis September. **Vorkommen** Stehende oder langsam fließende Gewässer. **Wissenswertes** In einem mittelalterlichen Kräuterbuch heißt diese Pflanze »Nuphara«, eine Bezeichnung für die zweite Seerose. Wie die weißblütige Verwandte war sie früher in jedem trägen Fluss häufig. Heute ist sie eher eine Seltenheit. **Geschützt**.

Berg-Nelkenwurz

Geum montanum

- braucht nährstoffarme, kalkfreie Steinböden
- heißt auch »Petersbart«

Merkmale Grundblätter lang gestielt, unpaarig gefiedert, mit großer Endfieder; Stängelblätter dreizählig oder einfach; gelbe Blüte auf behaartem, 10–30 cm hohem Stängel; Blütezeit Mai bis Juli. **Vorkommen** Wiesen mittel- und südeuropäischer Gebirge. **Wissenswertes** Die Berg-Nelkenwurz meidet windexponierte Standorte und schützt sich so vor Austrocknung. Ihr Wurzelstock duftet intensiv nach Gewürznelken. Er enthält Eugenol, ein Nelkenöl, mit dem man früher Liköre aromatisierte. Im Frühjahr gesammelte Blätter ergeben einen schmackhaften Wildkräutersalat.

Gänse-Fingerkraut

Potentilla anserina

- zeigt Stickstoff im Boden an
- die getrockneten Wurzeln duften nach Rosen

Merkmale Stängel 5–15 cm lang, kriechen am Boden; Blätter unten silbrig behaart, unterbrochen gefiedert, d.h. große Teilblättchen wechseln sich mit sehr kleinen ab; Blütezeit Mai bis August. **Vorkommen** An Wegrändern, Bahndämmen, auf Schuttplätzen. **Wissenswertes** Das Gänse-Fingerkraut trägt seinen Namen zu Unrecht. Es wächst zwar dort, wo Gänse weiden, ist aber ein Fingerkraut ohne Fingerblätter. Seine Blätter unterscheiden sich deutlich von den handförmig gefiederten Blättern verwandter Arten. Seine Wurzel soll roh gekaut gegen Parodontose helfen.

Tüpfel-Johanniskraut

Hypericum perforatum

> zerdrückte Blütenblätter hinterlassen an den Fingern rote Flecken

Merkmale Stängel zweikantig, 30–80 cm hoch; Blätter gegenständig, oval, durchscheinend punktiert; Blüten goldgelb, Blütenblätter am Rand schwarz punktiert; Blütezeit Juni bis September. **Vorkommen** Weg- und Waldränder, Straßenböschungen. **Wissenswertes** Die Inhaltsstoffe dieser alten Heilpflanze sind heute noch in Arzneimitteln enthalten, die bei nervösen Erkrankungen helfen. Auch im religiösen Volksbrauchtum spielt die Art eine Rolle. Sie ist Bestandteil des an Maria Himmelfahrt geweihten Kräutersträußes. Wegen ihrer festen Stängel nennt man sie auch Hartheu.

Kleinblütige Königskerze

Verbascum thapsus

> braucht viel Sonne und Wärme
> zweijährig, blüht erst im 2. Jahr

Merkmale Stängel 0,5–1,8 m hoch; Blätter eiförmig, mit dichtem, weißem Haarfilz; viele dicht gedrängt sitzende Blüten bilden einen ährenartigen Blütenstand; Blütezeit Juli bis September. **Vorkommen** An Schuttplätzen, Feldrainen, in Steinbrüchen, auf Waldlichtungen. **Wissenswertes** Königskerze heißt die Pflanze, weil ihre behaarten Blütenstände früher in Wachs getaucht und dann als Fackeln verwendet wurden. Wollblume nennt sie der Volksmund wegen ihrer dichten Behaarung. Die am Stängel herablaufenden Blätter führen gezielt das Regenwasser zu den Wurzeln.

Scharfer Mauerpfeffer

Sedum acre

> bildet dichte Teppiche
> Pionier auf steinigen und sandigen Böden

Merkmale Mehrjährige Pflanze mit kriechenden, 3–15 cm langen Stängeln; dicke, fleischige Blätter, an der Spitze oft rot; goldgelbe Blüten, deren Blütenblätter fast waagrecht abstehen; Blütezeit Juni bis August. **Vorkommen** Auf Kieswegen, Bahnschotter, Dächern, Mauern, in Felsspalten. **Wissenswertes** Pflanzen mit einem Wasserspeichergewebe in den dickfleischigen Blättern nennt man Sukkulenten. Sie schützen sich damit vor Austrocknung und können als Spezialisten selbst trockenste Standorte besiedeln. Sträuße aus Mauerpfeffer überleben lange ganz ohne Wasser.

Raue Gänsedistel
Sonchus asper

> die weißen haarigen Fruchtköpfe erinnern an die eines kleinen Löwenzahns

Merkmale Pflanze mit weißem Milchsaft, 0,3–1,2 m hoch; Stängelblätter wechselständig, glänzend dunkelgrün, am Rand stachelig gezähnt; Blütenköpfchen hellgelb; Blütezeit Juni bis September. **Vorkommen** Weit verbreitetes Unkraut in Äckern und Gärten, an Wegrändern, auf Ödland. **Wissenswertes** Diese Pflanze ist weltweit verbreitet. Bei uns steht sie in jedem Rüben- oder Kartoffelfeld, meist zusammen mit der Strahlenlosen Kamille und dem Floh-Knöterich. Sie heißt auch Dornige Gänsedistel, aber ihre Blätter stechen nicht schmerzhaft wie die der eigentlichen Disteln.

Kohl-Kratzdistel
Cirsium oleraceum

> verbreitet auf nährstoffreichen, nassen Standorten
> wird bis zu 150 cm hoch

Merkmale Keine typische Distel; Blätter mit weichen, nicht stechenden Dornen; viele Blütenköpfe, sitzen dicht gedrängt an der Spitze des 0,3–1,5 m langen Stängels, sind von kohlblattähnlichen Hochblättern umgeben; Blütezeit Juni bis September. **Vorkommen** Feuchte Wiesen, Gräben, Bachufer, Auwälder. **Wissenswertes** »Gemüseartig« bedeutet der botanische Artname *oleraceum*. Tatsächlich ist diese Distel in Russland als Gemüsepflanze bekannt. Auch bei uns hat man in Notzeiten ihre jungen, weichen Blätter wie Kohl gedünstet. Ihr Nährwert ist allerdings nur gering.

Alpen-Kratzdistel
Cirsium spinosissimum

> ein Wahrzeichen der Alpen und in der Blumensprache ein Symbol für Wehrhaftigkeit

Merkmale 20–50 cm hohe kräftige Pflanze mit stark beblättertem Stängel; Blätter dornig; Blütenköpfe dicht gehäuft an der Stängelspitze, umgeben von zugespitzten, dornig gezähnten Hochblättern; Blütezeit Juli bis September. **Vorkommen** Nur in den Alpen. In Höhen von 1400–3000 m auf Viehweiden und Gesteinsschutt. **Wissenswertes** Diese wehrhafte Pflanze ist eine der wenigen gelb blühenden Disteln. Sie wächst im gesamten Alpenraum, aber sonst auf keinem anderen Hochgebirge der Welt. Von den Bergbauern wird sie als Weideunkraut bekämpft, vom Vieh gemieden.

Wald-Habichtskraut
Hieracium murorum

> in den Wurzeln leben die Raupen von mehreren Kleinschmetterlingsarten

Merkmale Etwa 20–50 cm hohe Pflanze mit Milchsaft; Stängel behaart, meist ohne Blätter, an der Stängelspitze nur wenige gelbe Blütenköpfchen; Blütezeit Juni bis August. **Vorkommen** Häufig in grasreichen Laub-, Misch und Nadelwäldern, an Waldrändern, auf Waldwiesen, in Gebüschen. Auch an schattigen Felsen und Mauern. **Wissenswertes** Die Habichtskräuter sind eine sehr formenreiche Pflanzengruppe. Das ist möglich, weil viele Habichtskrautarten keimfähige Samen ausbilden, ohne dass die Blüten vorher befruchtet worden sind. Diesen Vorgang bezeichnet man als Apomixis.

Wiesen-Bocksbart
Tragopogon pratensis

> gleicht abgeblüht einer großen Pusteblume
> bis in Höhenlagen von 2000 m

Merkmale 30–80 cm hohe Pflanze; viele grasähnlich schmale Blätter; eine gelbe Blüte pro Stängel; Blütezeit Mai bis August. **Vorkommen** Gut gedüngte Wiesen und Wegränder. **Wissenswertes** Die Pflanze besitzt eine lange Pfahlwurzel, die viel Milchsaft enthält und früher als Spargelersatz gekocht wurde. Ihr Geschmack erinnert an Schwarzwurzeln. Nordamerikanische Indianer haben die Wurzel roh als Kaugummi benutzt. Die großen Blüten öffnen sich in den frühen Morgenstunden und schließen sich bereits am Mittag wieder. Sie werden von Käfern und Fliegen bestäubt.

Greiskraut
Senecio vulgaris

> löwenzahnähnlicher Fruchtstand
> wächst bis in Höhenlagen von 2000 m

Merkmale Blätter gezähnt, an der Unterseite mit weißem Haarfilz; gelber Blütenkopf auf 10–40 cm hohem Stängel; Blütezeit Januar bis Dezember. **Vorkommen** Äcker, Gärten. **Wissenswertes** Die Heimat des Greiskrautes ist der Mittelmeerraum. Doch der Wind trug seine leichten Samen überallhin, und heute ist die Pflanze aus unseren Feldern und Gärten nicht mehr wegzudenken. Sie blüht und fruchtet das ganze Jahr. Obwohl sie als alte Heilpflanze bekannt ist, sollte man mit neuem Wissen auf ihre Verwendung verzichten. Denn sie enthält Giftstoffe, die zu Leberschäden führen können. **Giftig**.

Löwenzahn

Taraxacum officinale

> Hauptblütezeit im Mai
> der milchige Stängelsaft soll gegen Warzen helfen

Merkmale Pflanze mit Milchsaft; Blütenstängel 5–50 cm hoch, hohl, ohne Blätter; Blätter in einer Rosette am Boden; gelber Blütenkopf, wird nach dem Abblühen zur bekannten Pusteblume; Blütezeit April bis Oktober. **Vorkommen** Auf Grünland aller Art, an Straßen- und Wegrändern. **Wissenswertes** Besonders auf stark gedüngten Wiesen bildet der Löwenzahn im Frühling ein Blütenmeer. Während der Blütezeit ist die gesamte Pflanze ein unerschöpflicher Gemüse- und Salatlieferant. Sie enthält Provitamin A, die Vitamine B und C sowie viele Mineralsalze und Bitterstoffe.

Huflattich

Tussilago farfara

> große Huflattichbestände weisen auf Lehmböden und Staunässe hin
> festigt den Boden

Merkmale Stängel 5–15 cm hoch, zur Blütezeit blattlos; Blätter lang gestielt, herzförmig, unten weißfilzig; gelbe Blütenköpfe; Blütezeit Februar bis April. **Vorkommen** An Straßen- und Wegrändern. **Wissenswertes** Um 1563 empfahl der Arzt P.A. Mattioli: »Eine Hand voll Huflattich in ein Maß Wein gelegt und davon nach Belieben getrunken, wehret den Husten ...«. Junge Huflattichblätter schmecken harzig und sind wie die Blüten eine Bereicherung für die Wildgemüseküche. Sie sollten aber nur sparsam eingesetzt werden, in Mengen können sie die Leber schädigen.

Wiesen-Pippau

Crepis biennis

> zeigt nährstoffreiche Böden an
> Fruchtstand eine graue filzartige Kugel

Merkmale Zweijährige Wiesenpflanze mit Milchsaft, wird 0,3–1,2 m hoch; Blätter ähneln Löwenzahnblättern; goldgelbe Blüte; Blütezeit Mai bis September. **Vorkommen** Weit verbreitet auf gedüngten Wiesen, an Wegrändern und buschigen Hängen. **Wissenswertes** Die Pflanze gilt als Wiesenunkraut. Sie verdrängt bessere Futterpflanzen, liefert hartes Heu und wird vom Vieh gemieden. »Hungertod« oder »Wiesenfresser« heißt sie deshalb im Volksmund. Doch für Insekten sind ihre Blüten eine wichtige Nahrungsquelle. Ihre Samen können als Futter für Kanarienvögel verwertet werden.

Echte Arnika

Arnica montana

> die ganze Pflanze verströmt einen aromatischen, harzig würzigen Duft

Merkmale Blätter in einer Rosette am Stängelgrund, daneben 1–2 Paar gegenständiger, deutlich kleinerer Stängelblätter; strahlenförmige Blütenköpfe auf 20–50 cm hohem Stängel; Blütezeit Juni bis August. **Vorkommen** Nährstoff- und kalkarme Wiesen des Berglandes. **Wissenswertes** Die getrockneten Blütenköpfe der Arnika, in Alkohol angesetzt, ergeben die bekannte Arnika-Tinktur, mit der in der Volksmedizin Prellungen und Blutergüsse behandelt werden. Außerdem ist Arnika eine beliebte Schnupftabak- und Niesblume und wie viele Heilpflanzen auch ein altes Zauberkraut. **Geschützt. Giftig**.

Rainfarn

Tanacetum vulgare

> intensiv kampferartiger Geruch
> braucht sommerwarme, nicht zu trockene Böden

Merkmale Wintergrüne Pflanze mit holzigem, 0,4–1,5 m hohem Stängel; Blätter wechselständig, fein zerteilt, sehen aus wie Farnblätter; knopfartige Blüten; Blütezeit Juli bis September. **Vorkommen** An Wegrändern, auf Brachland. **Wissenswertes** Mit dem Beifuß bildet der Rainfarn auf nährstoffreichen Böden eine Pflanzengemeinschaft, die man als Rainfarn-Beifuß-Gestrüpp bezeichnet. Mit den goldgelben Blüten kann man Wolle färben oder, als Trockenstrauß aufgehängt, Mücken und Motten aus Wohnungen vertreiben. Ein Blattaufguss hilft gegen Milben und Blattläuse im Garten. **Giftig**.

Sumpf-Schwertlilie

Iris pseudacorus

> braucht nasse, schlammige Böden
> die Samen sind ein Jahr lang keimfähig

Merkmale Unverwechselbar; 0,5–1,5 m hoch; schwertförmige Blätter; Blüten mit 8–10 cm großen, dunkel geaderten Blütenhüllblättern; Blütezeit Mai/Juni. **Vorkommen** Verbreitet und noch häufig an stehenden und fließenden Gewässern. **Wissenswertes** Blumen mit Blüten, wie die Sumpf-Schwertlilie sie besitzt, nennt man Kraftblumen. Nur kräftige Insekten schaffen es, ihre Blüten zu bestäuben. Der deutsche Name der Pflanze bezieht sich auf den Lebensraum und die Blattform. Der lateinische erinnert an Iris, die Göttin des Regenbogens, und an die kalmusähnlichen Blätter (Kalmus = *acorus*). **Giftig**.

Scharbockskraut

Ranunculus ficaria

> bildet im März ausgedehnte Blütenteppiche
> Brutknöllchen in den Blattachseln

Merkmale 5–30 cm hoher Frühblüher; Blätter herzförmig, glänzend; 8–12 Blütenblätter pro Blüte; Blütezeit März bis Mai. **Vorkommen** Feuchte, schattige Buchenwälder. **Wissenswertes** Der Name »Scharbockskraut« hat sich aus »Skorbutkraut« entwickelt. Die Blätter der Pflanze gehören zum ersten Frühjahrsgrün. Sie enthalten in großen Mengen Vitamin C. Früher aß man sie als Salat mit Heilwirkung gegen Skorbut, eine Vitamin-C-Mangelkrankheit. Essbar ist sie allerdings nur bis zum Erscheinen der ersten Blüten, denn dann enthält die Pflanze den Giftstoff Protoanemonin. **Schwach giftig**.

Trollblume

Trollius europaeus

> unverwechselbar wegen ihrer kugeligen Blüte
> zunehmend seltener

Merkmale Stängel 10–60 cm hoch, unverzweigt; Blätter handförmig geteilt; kugelige, schwach duftende Blüte aus 10–15 gelben Blütenblättern; Blütezeit Mai/Juni. **Vorkommen** Im gesamten Alpenraum auf frischen, feuchten Wiesen. **Wissenswertes** Die Trollblume ist ein Stickstoffzeiger und liebt nährstoffreiche Wiesen. Sie wächst von der Ebene bis in 3000 m Höhe. Aber mit zunehmender Höhenlage wird die fast halbmeterhohe Pflanze immer kleiner, bis ihr Stängel oft nur mehr fingerlang ist. Von den etwa 12 Trollblumenarten wächst nur eine in Europa, alle anderen in Asien. **Geschützt. Giftig**.

Wald-Gelbstern

Gagea lutea

> meidet Stellen, an denen sich Wasser staut
> Insekten- und Selbstbestäubung

Merkmale Ausdauernde, 5–20 cm hohe Pflanze; nur ein langes Grundblatt, das sich an der Spitze kapuzenförmig zusammenzieht; sternförmige Blüte, 6 Blütenblätter, innen gelb, außen grünstreifig; Blütezeit März bis Mai. **Vorkommen** Feuchte Laubmischwälder, Auwälder. **Wissenswertes** Der Wald-Gelbstern ist unter den mitteleuropäischen Gelbsternarten am weitesten verbreitet. Er tritt aber an seinen Standorten nie in großen Beständen auf. Der Frühblüher erhielt seinen lateinischen Namen zu Ehren von Sir Thomas Gage, einem Förderer der englischen Wissenschaft.

Wiesen-Platterbse

Lathyrus pratensis

> häufigste Platterbsenart
> die Samen sind ein gutes Wildvogelfutter

Merkmale Kletternde Pflanze mit 20–90 cm langem quadratischen Stängel; Blätter mit Ranke, die sich um andere Pflanzen windet; Blütentraube aus 5–12 goldgelben, lang gestielten Blüten; Blütezeit Juni bis August. **Vorkommen** Sehr häufig auf Fett-, Moor- und Feuchtwiesen, an Wegrändern. **Wissenswertes** Von Landwirten wird die Wiesen-Platterbse nicht gern gesehen. Ihre Blätter und Stängel sind zwar nahrhaft, werden aber trotzdem vom Vieh gemieden, weil sie Bitterstoffe enthalten. Die Pflanze kann mit ihren Wurzelknöllchen Stickstoff im Boden anreichern.

Hornklee

Lotus corniculatus

> wurzelt bis in 1 m Tiefe
> verbessert den Boden
> geschätztes Viehfutter

Merkmale Stängel mit Mark gefüllt, 5–30 cm hoch; Blätter gefiedert, bestehen aus 5 Einzelblättchen; Blütenköpfe aus 3–7 goldgelben Blüten; Blütezeit Mai bis August. **Vorkommen** Trockene Wiesen, Wegränder, Böschungen. **Wissenswertes** Die Blüten des Hornklee enthalten sehr viel Nektar und sind eine wertvolle Futterquelle für Insekten. Bienen und Hummeln sind neben Bläulingen die häufigsten Besucher. Kugelige rote Blasen an den Blüten stammen von Gallmücken, die den Hornklee gelegentlich befallen. In dieser Blase oder Galle wachsen ihre Larven heran.

Kleiner Klappertopf

Rhinanthus minor

> Stängel oft dunkel gefleckt
> Blüten wirken seitlich zusammengedrückt

Merkmale 10–40 cm hoher Stängel; Blätter gegenständig, gezähnt; 6–12 Blüten im oberen Stängelbereich, sitzen einzeln in den Achseln der Blätter; Blütezeit Mai bis September. **Vorkommen** Nährstoffarme Wiesen mit kalkreichem Untergrund. **Wissenswertes** Die Pflanze ist ein Halbschmarotzer. Sie zapft mit ihren Wurzeln die Wurzeln anderer Wiesenpflanzen an und entzieht ihnen Wasser und Nährsalze. Deshalb gilt sie als Wiesenschädling und wird durch Düngung kurz gehalten. Weil die reifen Samen im Kelch klappern, nahmen Kinder den Kleinen Klappertopf früher oft als Rassel.

Echtes Springkraut

Impatiens noli-tangere

> typische Schattenpflanze
> oft in großen Beständen
> in den Alpen bis in 1300 m Höhe

Merkmale Stängel glasig durchscheinend, 0,5–1 m hoch; Blätter wechselständig, breit eiförmig; hängende, goldgelbe Blüten mit langem gekrümmtem Sporn, innen rot punktiert; Blütezeit Juli bis Oktober. **Vorkommen** Laubwälder mit hoher Luft- und Bodenfeuchtigkeit. **Wissenswertes** Kräutchen »Rühr mich nicht an« oder »Flitschblümchen« wird die Pflanze auch genannt. Schon während der Blüte trägt sie lange Fruchtkapseln, die vom Druck des Zellsaftes so gespannt sind, dass sie bei der leisesten Berührung blitzschnell platzen. Dann schleudern die Samen viele Meter weit.

Gelber Frauenschuh

Cypripedium calceolus

> Wärme liebend
> 4 meist rotbraune äußere Blütenblätter

Merkmale Bekannteste einheimische Orchidee mit typischer, schuhförmig aufgeblasener Blütenform; 20–80 cm hoch; Blätter breit, hellgrün; Blütezeit Mai/Juni. **Vorkommen** Laubmischwälder, Nadelwälder und Gebüsche auf Kalk. **Wissenswertes** Bis diese Orchidee zum ersten Mal blüht, vergehen 16 Jahre. Als Keimling lebt sie in enger Symbiose mit einem Pilz. Die Blüte fungiert als Insektenfalle. Bienen und Fliegen, die in den Schuh fallen, werden praktisch zur Bestäubung gezwungen. Der Weg zurück ins Freie führt direkt an Narbe und Staubgefäßen vorbei. **Geschützt**.

Echte Goldnessel

Lamium galeobdolon

> Blütenoberlippe helmförmig, Blütenunterlippe mit 3 rot geäderten Lappen

Merkmale Gelb blühende Taubnessel; Stängel vierkantig, 15–50 cm hoch; Blätter brennnesselartig, aber ohne Brennhaare; Blüten in Quirlen zu 3–6 in den Achseln der Blätter; Blütezeit Mai/Juni. **Vorkommen** In großen Beständen in krautreichen Laub- und Nadelmischwäldern, auch in Auwäldern. **Wissenswertes** Im Schatten bildet die Goldnessel meterlange oberirdische Ausläufer, die sich an der Spitze wieder bewurzeln. Wegen dieser Eigenschaft wird sie gerne in Garten- und Parkanlagen als Bodendecker gepflanzt. Häufig treten Individuen mit weißfleckigen Blättern auf.

Klatsch-Mohn

Papaver rhoeas

> Blütenblätter fallen meist schon einen Tag nach dem Aufblühen ab
> eiförmige Fruchtkapsel

Merkmale Pflanze mit weißem Milchsaft; Stängel 20–90 cm hoch, abstehend behaart; Blätter tief gespalten; feuerrote Blüte mit schwarzen Flecken in der Mitte; Blütezeit Mai bis Juli. **Vorkommen** Getreidefelder, Straßen- und Wegränder. **Wissenswertes** Seit mehr als 4 Jahrtausenden ist der Klatsch-Mohn ein Kulturbegleiter. Ceres, die Göttin des Ackerbaus, trägt in Abbildungen einen Kranz aus Klatschmohnblüten. Moderne Unkrautbekämpfungsmittel ließen die Pflanze selten werden. Die Blüte bietet ihren Bestäubern keinen Nektar, sondern eiweißreiche Pollenkörner. **Schwach giftig.**

Schmalblättriges Weidenröschen

Epilobium angustifolium

> an geeigneten Standorten große Bestände
> festigt den Boden
> Bienenweide

Merkmale Häufige, 50–150 cm hohe Pflanze; Blätter erinnern an Weidenblätter, sind lang und schmal, an der Unterseite mit hervortretenden Adern; rote Blüten in kerzenartigen Blütenständen; Blütezeit Juni bis August. **Vorkommen** Laub- und Nadelwälder, vor allem auf Kahlschlägen und an Waldrändern. **Wissenswertes** Hunderttausende von Flugsamen und ein weit verzweigtes Wurzelsystem sind das Erfolgsrezept dieses Weidenröschens. Auf Waldlichtungen und Brandflächen gehört es zu den ersten Pflanzen, die wieder Fuß fassen. Seine Samen bleiben über Jahre keimfähig.

Besenheide

Calluna vulgaris

> Spezialist für nährstoffarme, sandige, kalkfreie Böden
> wächst in ganz Europa

Merkmale Nur 10–50 cm hoher Strauch mit schuppenartigen Blättchen und roten Blütenglöckchen, die alle an einer Seite des Stängels sitzen; Blütezeit August/September. **Vorkommen** Bodendeckende Pflanze in Eichen- und Kiefernwäldern, Heiden, Mooren. **Wissenswertes** Aus ihren elastischen Zweigen stellte man früher Besen her. Darauf bezieht sich der lateinische Name: *Calluna* leitet sich vom griechischen *kallyno* für »kehren« ab. In Nordeuropa verwendete man sie auch zum Gerben von Fellen und als Hopfenersatz. Die Blüten nutzte man als harntreibendes Mittel.

Großer Wiesenknopf

Sanguisorba officinalis

> Pflanze feuchter Standorte
> pfenniggroßes rotes Blütenköpfchen

Merkmale Ausdauernde, 0,3–1,5 m hohe Wiesenpflanze; zusammengesetzte Blätter aus 7–15 Teilblättchen; winzige dunkelrote Blüten in einem kugeligen Blütenkopf am Ende eines kantigen Stängels; Blütezeit Juni bis September. **Vorkommen** In großen Beständen auf Mäh- und Moorwiesen. In den Alpen bis 1200 m. **Wissenswertes** Die ganze Pflanze kann als Gewürzkraut für Salate genutzt werden. Im Geschmack erinnert sie an Gurke. Wegen ihrer tiefroten Blüten galt sie früher als Heilmittel bei Verletzungen. Tatsächlich enthält sie Gerbstoffe, die Wundränder zusammenziehen.

Großer Sauerampfer

Rumex acetosa

> Blätter schmecken sehr sauer
> beliebtes Wildgemüse mit hohem Vitamin-C-Gehalt

Merkmale Kräftige, bis zu 1 m hohe Pflanze; Blätter lang gestreckt; winzige rote Blüten in einem rispenartigen Blütenstand; Blütezeit Mai bis Juli. **Vorkommen** Bildet auf feuchten und nährstoffreichen Wiesen oft Massenbestände aus. **Wissenswertes** Die Blätter des Sauerampfer sind nicht nur ein beliebtes Wildgemüse. Ihr Saft lindert auch Brennnessel- und Insektenstiche und entfernt Tinten- und Rostflecken. Die Blüten des Sauerampfer werden vom Wind bestäubt und erzeugen deshalb sehr große Pollenmengen. Pro Pflanze sind es etwa 400 Millionen Pollenkörner. **Schwach giftig**.

Wasser-Minze

Mentha aquatica

> typischer Minzgeruch
> eignet sich auch als Pflanze für den Gartenteich

Merkmale Meist rötlicher, 20–90 cm hoher Stängel; dichte runde Blütenstände aus vielen Einzelblüten, die unteren in den Achseln der Blätter, die oberen an der Stängelspitze; Blütezeit Juli bis September. **Vorkommen** Gräben, Bachufer, Sumpfwiesen. **Wissenswertes** Alle Minzen sind reich an Menthol. Als Heiltee wirken sie vor allem bei Magen- und Darmbeschwerden sowie bei Gallenstörungen, auch die Wasser-Minze. Allerdings ist beim Sammeln Vorsicht geboten, denn man kann sie leicht mit der giftigen Polei-Minze verwechseln, die am gleichen Standort wächst.

Meersenf

Cakile maritima

> liebt salzhaltigen, sandigen Boden
> die Samen werden mit dem Wasser verbreitet

Merkmale Einjährige, buschige, 10–30 cm hohe Pflanze mit dicken fleischigen Blättern; weiße oder zartrosafarbene Blüten in Trauben am Stängelende; Blütezeit Juli bis Oktober. **Vorkommen** In großen Beständen an den Küsten von Nord- und Ostsee. **Wissenswertes** Die Gattung *Cakile* aus der Familie der Kreuzblütler ist weltweit nur mit 4 Arten vertreten. Sie besiedeln die Küsten der Nordhalbkugel und Australiens. An europäischen Küsten tritt nur diese Art auf. Das salzig schmeckende Kraut und die pulverisierten Wurzeln wurden früher zu Heilzwecken verwendet.

Wilde Karde

Dipsacus fullonum

> die Entfaltung der Einzelblüten beginnt in der Mitte des Blütenstandes

Merkmale Stängel 80–150 cm hoch, stachelig; Blätter stachelig; Blüten in großen kegelförmigen Köpfen, umgeben von langen stechenden, aufwärts gekrümmten Hüllblättern; Blütezeit Juli bis August. **Vorkommen** Wegränder, Schuttplätze, Ufer. **Wissenswertes** Die Pflanze der Wegränder ist auch eine Zierde für den Garten. Ihre dekorativen Blütenstände bleiben über den Winter erhalten. Die gegenständigen Blätter sind an den Rändern verwachsen und bilden so kleine Tüten, in denen sich bei Regen das Wasser sammelt. Die Wilde Karde wird oft in Trockensträuße gebunden.

Rundblättriges Hellerkraut

Thlaspi cepaeifolium subsp. *rotundifolium*

> Blüten mit einem süßen, schweren Duft, der an Levkojen erinnert

Merkmale Nur 5–15 cm hohe Alpenblume; Blüten in einer dichten, halbkugeligen Traube am Stängelende; Blütezeit Juni bis September. **Vorkommen** Nur in den Alpen, auf Steinschutt. **Wissenswertes** Das Hellerkraut ist eine Charakterart der Steinschuttgesellschaften. Es gehört zur Pflanzengruppe der Schuttwanderer. Eine lange Hauptwurzel, besetzt mit vielen kurzen Saugwurzeln, sorgt für Verankerung im lockeren Boden und für die Ernährung. Von dieser Hauptwurzel gehen viele Triebe aus, die durch den Schutt kriechen – deshalb der Begriff Schuttwanderer – und an ihrem Ende dichte Blütenschöpfe bilden.

Karthäuser-Nelke

Dianthus carthusianorum

> besonders typisch sind die zahlreich zusammengedrängten Blüten am Stängelende

Merkmale Stängel 10–50 cm hoch; Blätter lang, grasartig schmal; duftende karminrote Blüten, umgeben von einem Kelch aus dunklen, schuppigen Hochblättern, Blütenblätter am Rand fein gezähnt; Blütezeit Juni bis August. **Vorkommen** Wiesen, sonnige Waldsäume, Böschungen. **Wissenswertes** In ganz Mitteleuropa ist die Karthäuser-Nelke weit verbreitet. Sie tritt in regional unterschiedlichen Formen auf, die sich vor allem in Blatt- und Blütengröße unterscheiden. Benannt wurde sie nach den Karthäusermönchen, die sie in ihren Klostergärten züchteten und veredelten.

Kuckucks-Lichtnelke

Silene flos-cuculi

> unverwechselbares Kennzeichen sind die vierzipfeligen Blütenblätter

Merkmale Eine Pflanze feuchter Wiesen; 40–80 cm hoch; Blätter gegenständig, lang und schmal, etwas rau; filigrane Blüten, deren Blütenblätter in 4 schmale Zipfel gespalten sind; Blütezeit Mai/Juni. **Vorkommen** Nass- und Moorwiesen, Ufer, Gräben; sehr häufig. **Wissenswertes** Die Pflanze blüht im Mai, wenn der Kuckuck aus dem Winterquartier heimkehrt und lautstark seine Rückkehr verkündet. Wahrscheinlich kam sie so zu ihrem Namen. Im oberen Teil des Stängels findet man häufig Schaumtröpfchen, genannt Kuckucksspeichel. Sie werden von den Larven der Schaumzikade gebildet.

Rote Lichtnelke

Silene dioica

> zeigt Stickstoff und Nässe im Boden an
> männliche und weibliche Blüten ohne Duft

Merkmale Bis zu 1 m hohe Pflanze; Laubblätter gegenständig, länglich, oval; Blütenblätter tief zweigeteilt; Blütezeit April bis September. **Vorkommen** Feuchtwiesen, Auwälder, Ufer; sehr häufig. **Wissenswertes** In der europäischen Pflanzenwelt ist die Rote Lichtnelke das bekannteste Beispiel für Zweihäusigkeit. Es gibt weibliche Pflanzen mit Fruchtknoten und männliche mit Staubbeuteln. Die Blüten der Roten Lichtnelke werden von Hummeln und Tagfaltern bestäubt. Die der nahe verwandten Weißen Lichtnelke dagegen öffnen ihre duftenden Blüten für Nachtfalter.

Wald-Engelwurz

Angelica sylvestris

> eine der größten heimischen Stauden
> wird auch Brustwurz genannt

Merkmale 80–200 cm hohe Pflanze; Stängel rund, hohl, fein gerillt; sehr große Blätter, Blattscheiden bauchig aufgeblasen; halbkugelig gewölbte zartrosa Blütendolde; Blütezeit Juli bis September. **Vorkommen** Feuchte Wiesen, Ufer, Waldlichtungen. **Wissenswertes** In luftfeuchten Auwäldern kann diese Engelwurz zu über 2 m hohen Riesenpflanzen heranwachsen. Eine Legende erzählt, dass ein Engel ihre Heilkraft entdeckt hat. Deshalb nannte sie Carl von Linné wissenschaftlich *Angelica*, d.h. Engel. Besonders empfohlen wurde sie früher als schleimlösendes Mittel bei Bronchialerkrankungen.

Grasnelke

Armeria maritima

> Charakterpflanze salziger Wattwiesen
> wird auch »Kranzrose« genannt

Merkmale Grasartige Blätter, die grundständig den 15–40 cm hohen Stängel umgeben; zahlreiche blassrote Einzelblüten in einem Blütenköpfchen am Ende eines blattlosen Stängels; Blütezeit Mai bis September. **Vorkommen** Küsten von Nord- und Ostsee. **Wissenswertes** Der lateinische Gattungsname der Grasnelken leitet sich von den keltischen Begriffen »ar« und »mor« ab und bedeutet »beim Meer«. Dieser Name trifft jedoch längst nicht für alle Arten zu. Im Gegenteil, nur sehr wenige wachsen in Meeresnähe. Die meisten kommen im Gebirge vor. Viele sind beliebte Zierpflanzen. **Geschützt**.

Rostblättrige Alpenrose

Rhododendron ferrugineum

> Blattunterseite deutlich rostbraun, daher der Name
> ist die Echte Alpenrose

Merkmale Immergrüner, 20–100 cm hoher Strauch; Blätter schmal, ledrig; Blüten in Gruppen zu 5–12 an den Enden der Zweige; Blütezeit Juni bis August. **Vorkommen** Alpen, Almweiden bis zur Waldgrenze. **Wissenswertes** Rhododendron heißt Rosenbaum. Rhododendronblüten wurden schon im 16. Jahrhundert mit denen von Rosen verglichen. Namen wie Alpenrose oder Bergrose sind seit 1555 belegt. Bei Imkern sind sie sehr beliebt. Alpenrosentracht ergibt einen unvergleichlich aromatischen Honig. Doch Bergbauern bekämpfen sie in einigen Regionen immer noch als Weide-Unkräuter. **Geschützt**.

Mehl-Primel
Primula farinosa

> von der Ebene bis in 2900 m Höhe
> Blattunterseite wie mit Mehl bestäubt

Merkmale 5–30 cm hohe Staude, deren Blätter in einer Rosette am Boden stehen; kleine purpurrote Einzelblüten mit intensiv gelbem Schlund; Blütezeit Mai bis Juli. **Vorkommen** Alpenvorland, Alpen, auf Felsschutt. **Wissenswertes** Die Mehl-Primel ist die häufigste der alpinen Primeln. Sie wuchs ursprünglich nur in asiatischen Gebirgen. Nach der Eiszeit drang sie bis nach Westeuropa vor. Pflanzen im Tiefland und alpine Formen mussten sich im Laufe der Jahrtausende an unterschiedliche Bestäuber anpassen und haben so auch Unterschiede im Bau ihrer Blüten entwickelt.

Roter Steinbrech
Saxifraga oppositifolia

> die Blüten verfärben sich im Laufe des Sommers von rosa zu blauviolett

Merkmale Wird nur 2–5 cm hoch; dicht stehende, gegenständige Blätter; rosa bis dunkelrote glockenförmige Blüten; Blütezeit Mai bis Juli. **Vorkommen** Alpen, in Felsspalten, an Felswänden. **Wissenswertes** Diese schönste der alpinen Steinbrecharten gehört zur »Nivalflora«. Das sind Pflanzen, die ganzjährig oberhalb der Schneegrenze leben. Sie ist an das Klima in diesen Hochlagen bestens angepasst. Unempfindlich gegen extrem tiefe Temperaturen, ertragen ihre immergrünen Blätter bis zu –40° C, ohne Schaden zu nehmen. Ihre winzigen Samen wiegen nur 0,0001 g. **Geschützt**.

Echter Baldrian
Valeriana officinalis

> hat viele volkstümliche Namen: heißt bei uns »Katzenkraut«, in England »Allesheiler«

Merkmale Pflanze mit kräftigem Wuchs, wird 60–180 cm hoch; Stängel gerillt; Blätter gegenständig, zusammengesetzt aus 11–23 Teilblättchen; schirmartiger Blütenstand aus zartrosa Einzelblüten; Blütezeit Juni bis August. **Vorkommen** Wälder, nasse Wiesen, Ufer von Bächen. **Wissenswertes** Schon Griechen und Römer schätzten seine Heilkraft. Und auch heute ist Baldrian eine der bekanntesten Heilpflanzen. Seine Wurzeln sind reich an ätherischen Ölen, die beruhigend auf das Zentralnervensystem wirken. Aber diese Wirkung ist weder besonders stark noch von langer Dauer.

Bach-Nelkenwurz

Geum rivale

> an ihren Blüten eindeutig zu erkennen
> heute durch Entwässerung rückläufig

Merkmale Aufrechter, bis zu 60 cm hoher Stängel; glockenförmige, rotbraune, nickende Blüten; Blütezeit April bis Juni. **Vorkommen** Feuchte Wiesen, Auwälder, Quellen und Bachufer. **Wissenswertes** Weil Kinder gerne ihre nektarreichen Blüten aussaugen, heißt die Bach-Nelkenwurz auf der Schwäbischen Alb Himmels- oder Heilandsbrot. Wie die Echte Nelkenwurz war sie früher eine bekannte Heilpflanze. Sie enthält in ihrem Wurzelstock etwa die gleichen Wirkstoffe und fand in der Volksmedizin auch die gleiche Verwendung, zum Beispiel als heilendes Gurgelmittel.

Wasser-Knöterich

Persicaria amphibia

> duftende Blüten
> Verbreitung der Früchte mit dem Wasser

Merkmale Tritt in einer Land- und Wasserform auf; Stängellänge der Wasserform bis zu 3 m, die der Landform 30–100 cm; walzenförmiger Blütenstand; Blütezeit Juni bis September. **Vorkommen** Nasse Wiesen, Teiche. **Wissenswertes** Als amphibische Pflanze kann der Wasser-Knöterich Land- und Wasserbiotope besiedeln. Beiden Lebensräumen hat er sich im Bau angepasst. Die Wasserform lebt im Seerosengürtel von Teichen, besitzt einen schlaffen Stängel und glatte Schwimmblätter. Die Landform besiedelt nasse Wiesen, ihr Stängel ist fest und aufrecht, ihre Blätter fein behaart.

Schlangen-Knöterich

Bistorta officinalis

> zeigt Nährstoffe und Nässe im Boden an
> die Blüten gelten als gute Bienenweide

Merkmale Aufrechte Pflanze mit unverzweigtem, 0,3–1 m hohem Stängel und dichtem, walzenförmigem Blütenstand; Blütezeit Mai bis August. **Vorkommen** Im Berg- und Hügelland auf feuchten Wiesen, in Auwäldern, an Ufern. **Wissenswertes** Der deutsche und der lateinische Name beschreiben ein markantes Merkmal der Pflanze: ihren schlangenartig gekrümmten Wurzelstock. Im Sinne der Signaturenlehre glaubte man früher fälschlicherweise, er sei hilfreich bei Schlangenbissen. Die Sprosse und Blätter des Schlangen-Knöterich ergeben ein Gemüse, das an Blattspinat erinnert.

Beinwell

Symphytum officinale

> die Blütenfarbe kann zwischen gelbweiß, zartrosa und dunkelrot schwanken

Merkmale Borstig behaarte, 30–90 cm hohe Pflanze mit kräftigem, hohlem Stängel und langen Blättern; hängende glockenförmige Blüten; Blütezeit Mai bis August. **Vorkommen** Sumpfwiesen, Wegränder, schattige Hecken. **Wissenswertes** Die Bezeichnung *officinale* im lateinischen Namen zeigt an, dass der Beinwell eine alte Heilpflanze ist. Sein Wurzelstock enthält Allantoin, außerdem Schleimstoffe, Gerbstoff und ein ätherisches Öl. Als Breiumschlag oder zu Salben verarbeitet hemmen diese Inhaltsstoffe Entzündungen, heilen Wunden und helfen bei Knochenbrüchen.

Stinkender Storchschnabel

Geranium robertianum

> trägt ihren Namen zu Recht: Die Blätter riechen zerrieben sehr unangenehm

Merkmale Bekannteste Storchschnabelart; 10–50 cm hoch; Blüten rosa, jedes Blütenblatt mit 3 weißen Längsstreifen; Blütezeit Mai bis September. **Vorkommen** Feuchte, schattige Laub- und Nadelwälder, Wegränder, Felsen, Mauern. **Wissenswertes** Weil ihre Stängel und Blätter sich im Herbst leuchtend rot färben, heißt die Pflanze auch »Ruprechtskraut« in Anlehnung an das lateinische *ruber* für rot. Bemerkenswert ist die enorme Breite an Lebensräumen, die sie besiedeln kann. Sie kommt mit dem Schatten des Waldes ebenso zurecht wie mit sehr sonnigen Standorten.

Strandflieder

Limonium vulgare

> typisch für salzige Standorte
> Verbreitung der Früchte durch Wind und Wellen

Merkmale Blätter am Boden rosettenartig um den 20–50 cm hohen Stängel angeordnet; derb, immergrün; rotviolette oder blassblaue, kleine Blüten; Blütezeit Juli bis September. **Vorkommen** Salzwiesen der Nordsee, an der Ostsee nur vereinzelt. **Wissenswertes** Im August blüht auf den Salzwiesen der Nordsee-Inseln flächendeckend der Strandflieder. Der deutsche Name der Pflanze beschreibt die fliederfarbenen Blüten, der lateinische nimmt Bezug auf den Standort: *leimon* bedeutet aus dem Griechischen übersetzt Wiese. Die Friesen nennen ihre Nationalblume »Bondestave«. **Geschützt**.

Wiesen-Flockenblume

Centaurea jacea

> sehr genügsam, blüht auch auf blankem Sand
> ist eine gute Futterquelle für Bienen

Merkmale Stängel kantig und rau, 10–90 cm hoch; Blätter rauhaarig, meist ganzrandig; Blütenköpfe mit strahlenförmig vergrößerten Randblüten; Blütezeit Juni bis September. **Vorkommen** Nährstoffarme Wiesen, Wegränder, Feldraine. **Wissenswertes** Mit ihren purpurfarbenen Blüten ist die Wiesen-Flockenblume eine typische Bienen- und Schmetterlingsblume. Befruchtet werden aber nur die kleinen inneren Röhrenblüten. Die großen Randblüten sind unfruchtbar. Sie sollen als Schauapparat Insekten anlocken. Bei Düngereinsatz wird die Pflanze auf den Wiesen deutlich seltener.

Strand-Aster

Aster tripolium

> heißt wegen ihrer schmalen Blätter an der Küste »Meersternkraut mit Weidenblättern«

Merkmale 20–70 cm hohe Salzwiesenblume; Blütenkopf zweifarbig, außen blasslila, innen gelb; Blütezeit Juni bis September. **Vorkommen** Salzwiesen an Nord- und Ostsee, auch an salzhaltigen Orten im Binnenland. **Wissenswertes** Die Strand-Aster gehört zu den wenigen hoch wachsenden Blumen der Salzwiese. Mit bis zu 70 cm Höhe überragt sie alle anderen Pflanzen dieser Lebensgemeinschaft. Sie wächst in ganz Europa. An den Küsten von Nord- und Ostsee ist sie ebenso verbreitet wie am Mittelmeer. Selbst in den salzigen Steppengebieten Südeuropas kommt sie vor.

Pestwurz

Petasites hybridus

> die Blätter gehören zu den größten bei einheimischen Wildpflanzen

Merkmale Dicker Stängel, 10–40 cm hoch, rötlich angehaucht; Blüten in traubenförmigem Blütenstand, erscheinen vor den Blättern; Blütezeit März bis Mai. **Vorkommen** Bachufer, feuchte Waldränder, Erlen- und Weidengebüsch. **Wissenswertes** Unsere Vorfahren haben diese Pflanze sicher überschätzt, als sie sich von ihr Hilfe gegen die Pest erhofften. Doch bis heute ist die Pestwurz Bestandteil der Kräutermedizin. Sie soll beruhigend auf das Nervensystem wirken. Bemerkenswert sind ihre Blätter – sie werden nach der Blütezeit bis zu 1 m lang und bis zu 60 cm breit.

Echtes Alpenglöckchen

Soldanella alpina

> immer auf Kalkböden
> Blüten zu zweit oder zu dritt an der Stängelspitze

Merkmale 2–10 cm hohe Gebirgspflanze; immergrüne, fast runde Blätter in einer Rosette am Boden; glockenförmige Blüten mit fransig eingeschnittenen Blütenblättern; Blütezeit April bis Juli. **Vorkommen** Almwiesen, feuchte Bergwälder. **Wissenswertes** Alpenglöckchen beginnen oft schon unter dem Schnee zu blühen und heben mit ihren Blüten letzte Schneereste hoch. Wie alle bekannten Pflanzen hat die Art viele Volksnamen. Troddelblume, Eisglöckchen oder Schneenagele sind die häufigsten. Sie beziehen sich auf die Form ihrer Blüte oder auf die frühe Blütezeit.

Türkenbund-Lilie

Lilium martagon

> Halbschattenpflanze
> Blüten duften nachts intensiver als am Tag

Merkmale Eine der schönsten Pflanzen Mitteleuropas; kann bis zu 1,5 m hoch werden; hängende Blüten aus 6 roten, dunkel gefleckten Blütenblättern, die nach außen umgeschlagen sind; Blütezeit Juni bis August. **Vorkommen** Laubwälder, Nadelmischwälder der Gebirge. Fehlt im Norden. **Wissenswertes** Der Name »Türkenbund-Lilie« leitet sich von der turbanartig geformten Blüte ab. Besonders abends und nachts verströmt sie ihren schweren Duft und lockt Nachtfalter zur Bestäubung an. Weil ein Landeplatz für Insekten fehlt, schwirren die Falter kolibriartig vor der Blüte. **Geschützt**.

Spinnweben-Hauswurz

Sempervivum arachnoideum

> typisch ist die an ein Spinnengewebe erinnernde Behaarung der Blätter

Merkmale Stängelhöhe 5–12 cm; karminrote schmale Blütenblätter mit einem dunkelroten Längsstreifen; Blütezeit Mai bis September. **Vorkommen** Mittel- und südeuropäische Gebirge, in Felsspalten, auf Felsschutt. **Wissenswertes** »Immer lebendig« heißt die wörtliche Übersetzung des lateinischen Namens *Sempervivum*. Die kleine Pflanze ist wirklich ungeheuer lebenskräftig. Sie gehört zur Gruppe der Blattsukkulenten und hat die Fähigkeit, in ihren dickfleischigen Blättern Wasser zu speichern. Damit kann sie lange Trockenperioden überstehen, ohne Schaden zu nehmen.

Blut-Weiderich

Lythrum salicaria

> alte Heilpflanze
> wird heute als Zierpflanze für den Gartenteich angeboten

Merkmale Kräftiger vierkantiger, bis zu 2 m hoher Stängel; rotviolette Blüten in ährenförmigem Blütenstand; Blütezeit Juni bis September. **Vorkommen** Bachufer, Teich- und Tümpelränder. **Wissenswertes** An Bach- und Teichufern blüht im Hochsommer eine Pflanze, die ihren deutschen und wissenschaftlichen Namen der Farbe ihrer Blüten verdankt. Das griechische *lythron* heißt übersetzt »blutüberströmt«. Mit Ausnahme großer Teile Afrikas ist sie weltweit verbreitet. Wegen ihres hohen Gerbstoffgehaltes hat man sie schon im 16. Jahrhundert zum Gerben von Leder verwendet.

Herbst-Zeitlose

Colchicum autumnale

> letzte Wiesenblume des Jahres
> besitzt zur Blütezeit keine Blätter

Merkmale 5–10 cm hoher Herbstblüher; krokusähnliche Blüten, deren 6 Blütenblätter am Grund zu einer weißgelben Röhre verwachsen sind; Blätter ähnlich wie bei Tulpen, erscheinen mit den Stängeln im Frühling; Blütezeit August bis Oktober. **Vorkommen** Feuchte Wiesen, Auwälder. **Wissenswertes** Die Herbst-Zeitlose weicht vom bekannten Lebensrhythmus der heimischen Pflanzen ab. Sie blüht im Herbst, bildet aber Stängel, Blätter und Samenkapseln erst im nächsten Frühjahr. Alle ihre Teile enthalten Colchizin, ein starkes Zellgift, das die Zellteilung hemmt. **Giftig**.

Schwanenblume

Butomus umbellatus

> Wärme liebende Art
> gehört zu den schönsten heimischen Sumpfpflanzen

Merkmale Sumpfpflanze mit einer großen Blütendolde an der Spitze eines runden, 0,5–1,8 m hohen Stängels; Blütenblätter zartrot, dunkel geädert; Blütezeit Juni bis August. **Vorkommen** Ufer von stehenden oder langsam fließenden Gewässern; Wärme liebend. **Wissenswertes** Die heute seltene Schwanenblume wuchs einst weit verbreitet im gemäßigten Europa und Asien. Sie wurde auch vielfach genutzt. In Russland aß man den Wurzelstock gebacken anstelle von Brot. Bei uns flocht man in Notzeiten aus den Stängeln Körbe. Heute verbietet sich jede Art der Nutzung.

Schmalblättrige Wicke

Vicia angustifolia

> gefiederte Blätter
> Blattstiel endet in einer fadenförmig verzweigten Ranke

Merkmale Ödlandpflanze; 10–60 cm hoch; purpurrote Blüten, einzeln oder zu zweit in den Achseln der oberen Blätter; Frucht eine fast schwarze, glänzende Hülse; Blütezeit Mai bis Juli. **Vorkommen** Wächst fast überall am Rand von Getreidefeldern, in Gebüschen, an Wegrändern. **Wissenswertes** Diese Wicke gilt als Stammpflanze der Echten Futter-Wicke (*Vicia sativa*). Ihre Heimat ist Westasien und das Mittelmeergebiet. Aber in Mitteleuropa ist sie schon lange eingebürgert. In einigen Regionen wird sie als Pferdefutter angebaut und heißt dort auch »Rosswicke«.

Frühlings-Platterbse

Lathyrus vernus

> Schatten- bis Halbschattenpflanze
> Blüten je nach Alter erst rot, später blau

Merkmale Durch den Farbwechsel ihrer Blüten auffällige Pflanze; Stängel kantig, 20–40 cm hoch; Blätter aus 2–6 Teilblättchen zusammengesetzt; gestielter, traubenartiger Blütenstand in den Achseln der oberen Blätter; Blütezeit April/Mai. **Vorkommen** Laub- und Nadelmischwälder auf kalkhaltigen Böden. **Wissenswertes** In der Frühlingsflora von Laubmischwäldern fällt diese Pflanze besonders auf. Ihre Blüten sind erst purpurrot, dann bläulich gefärbt. Diesen Farbwechsel verursacht eine Änderung im Säuregrad des Zellsaftes. Sie ist eine typische Hummelblume.

Wiesen-Klee

Trifolium pratense

> wird wegen seiner roten, runden Blütenköpfe auch »Roter Kopfklee« genannt

Merkmale Stängel 10–50 cm hoch; Blätter oft mit einem hellen V-förmigen Band; duftende, rote Blütenköpfe; Blütezeit Juni bis September. **Vorkommen** Wiesen und Weiden. **Wissenswertes** Der Klee ist das Nationalemblem Irlands und heißt dort »shamrock«. Die Engländer nennen ihn »clover«, ein Name, der an das deutsche Wort »Klee« erinnert. In Europa gibt es mindestens 300 Kleearten. Viele sind ausgesät oder verwildert. Auch der Wiesen-Klee wird in Mitteleuropa seit Mitte des 18. Jahrhunderts als Gründünger oder Viehfutter angebaut. Seine Blätter enthalten 4% Eiweiß.

Alpen-Tragant

Astragalus alpinus

> nahrhafte Futterpflanze alpiner Wiesen
> auffällig weiß-violett gescheckte Blüten

Merkmale Dünner, niederliegender Stängel, der sich nur an den Enden 7–25 cm aufrichtet; Blätter wechselständig, zusammengesetzt aus bis zu 25 ovalen Teilblättchen; duftende weiß-violette Einzelblüten; Blütezeit Juli/August.
Vorkommen Auf mageren alpinen Wiesen und Weiden.
Wissenswertes Mehr als 1600 Arten umfasst die Gattung »Tragant«. Damit ist sie eine der größten Gattungen im Pflanzenreich überhaupt. Mit Ausnahme Australiens finden sich Vertreter auf allen Kontinenten. Der Alpen-Tragant wächst in europäischen Gebirgen bis in Höhenlagen von 3000 m.

Alpen-Leinkraut

Linaria alpina

> typische Schuttpflanze, besiedelt weder alpine Wiesen noch Fels
> wächst bis in 4000 m Höhe

Merkmale Meist zweijährige Polsterpflanze mit niederliegenden, 5–15 cm langen Stängeln und dickfleischigen Blättern; Blütenkrone rotviolett mit langem Sporn und gelbem Höcker in der Mitte; Blütezeit Juni bis September. **Vorkommen** Im gesamten Alpenraum, auf Felsschutt. **Wissenswertes** Mit seinen auffälligen Blüten prägt das Alpen-Leinkraut das Bild weiter Gesteinschutt- und Geröllhänge, mit seinen Wurzeln trägt es zur Befestigung solcher Hänge bei. Wegen ihrer schönen Blüten wird die Pflanze gern in Steingärten kultiviert. Sie gilt als altes Zauberkraut.

Roter Fingerhut

Digitalis purpurea

> wächst oft in der Nähe von Fuchsbauten
> Blüten wie Fingerhüte

Merkmale Bis zu 1,5 m hohe Giftpflanze; auffällig große glockenförmige Blüten, innen mit violetten, weiß umrandeten Flecken; Blütezeit Juni bis August.
Vorkommen Meist als Massenbestand auf Waldlichtungen und Kahlschlägen. **Wissenswertes** »Dead men's bell«, »Totenglocke«, nennen die Engländer den Roten Fingerhut und weisen damit auf seine Gefährlichkeit hin. Denn falsch dosiert wirken seine Inhaltsstoffe tödlich giftig. Doch unter ärztlicher Anleitung sind sie eine große Hilfe für Herzkranke. Die Wirkstoffe regulieren die Arbeit des Herzmuskels und verlangsamen den Puls. **Giftig**.

Schwarzes Kohlröschen
Nigritella nigra

> eine der bekanntesten Alpenblumen
> Blüten duften intensiv nach Vanille

Merkmale Grasartig schmale, wechselständige Blätter; dichter, fast kugelförmiger Blütenstand an der Spitze des etwa 20 cm hohen Stängels; Blütezeit Juni/Juli. **Vorkommen** Europäische Hochgebirge, auf ungedüngten Wiesen und Weiden. **Wissenswertes** Schokoladenblümli, Brändele, Blutströpfli oder Schwärzlein – diese Bergorchidee hat viele volkstümliche Namen. Alle beziehen sich auf die dunkel purpurrote, fast schwarze Farbe ihrer Blüten. Die Art ist ebenso wie das verwandte Rote Kohlröschen an vielen ihrer Standorte bedroht. Beide vertragen keinen Dünger.

Hohler Lerchensporn
Corydalis cava

> blüht in ausgedehnten Teppichen
> regional häufig, aber nur auf kalkreichen Böden

Merkmale Pflanze mit walnussgroßer hohler Wurzelknolle; Blüten zweilippig, mit langem Sporn, riechen unangenehm, bilden eine dichte Traube am Ende des unverzweigten, 10–30 cm hohen Stängels; Blütezeit März bis Mai. **Vorkommen** Buchenwälder, Laubmischwälder, Auwälder. **Wissenswertes** Der Hohle Lerchensporn blüht rotviolett oder weiß. Beide Blütenfarben kommen häufig an ein- und demselben Standort vor. Sein botanischer Name leitet sich vom griechischen *korydallis* für »Haubenlerche« ab und vergleicht die Blüte in ihrer Form mit dem Federschopf der Haubenlerche. **Giftig**.

Indisches Springkraut
Impatiens glandulifera

> nur an Standorten mit hoher Luftfeuchtigkeit
> schleudert Samen bis zu 7 m weit

Merkmale Bis zu 2 m hohe krautige Pflanze; Stängel glasig durchsichtig; Blüten mit kurzem Sporn; Blütezeit Juni bis Oktober. **Vorkommen** Flussufer, Auwälder. **Wissenswertes** Als Zierpflanze kam das Indische Springkraut im 19. Jahrhundert aus dem westlichen Himalaya in europäische Gärten. Auch Imker säten es lange als Bienenfutterpflanze aus. Bis heute konnte sich die Pflanze so stark ausbreiten, dass sie massiv einheimische Arten verdrängt. Ihre Konkurrenzkraft liegt in der Bildung großer Samenmengen verbunden mit einer langen Keimfähigkeit der Samen.

Wilder Majoran, Dost
Origanum vulgare

> › Dost stammt vom mittelhochdeutschen »doste« für Strauß und verweist auf den Blütenreichtum der Pflanze

Merkmale Mehrjährige, 20–50 cm hohe Pflanze mit würzigem Geruch; reich verzweigter Blütenstand; Blütezeit Juli bis Oktober. **Vorkommen** Heckenränder, Straßenböschungen. **Wissenswertes** Im Orient trug man früher stets einen Majoranzweig bei sich. Man glaubte, der Duft dieser Pflanze schütze vor Krankheiten. Der würzige Geruch beruht auf einem ätherischen Öl, das alle krautigen Teile enthalten. Der Wilde Majoran ist Bestandteil der Kräutermischung »Herbes de Provence«. In der Medizin wird er zur Behandlung von Verdauungsproblemen eingesetzt.

Rote Taubnessel
Lamium purpureum

> › meidet schattige Standorte
> › brennnesselartige Blätter, aber ohne Brennhaare

Merkmale Einjährige, nur 5–30 cm hohe Pflanze mit unangenehmem Geruch; Blätter gegenständig, runzelig, weich behaart; rosafarbene bis purpurrote Blüten in den Achseln der oberen Blätter; Blütezeit Januar bis Dezember. **Vorkommen** Weit verbreitet in Feldern, Gärten, an Wegrändern. **Wissenswertes** Ihre Hauptblütezeit hat die Rote Taubnessel im Sommer. Doch nicht selten trifft man auch im Winter auf blühende Pflanzen dieser Art. Leichter Frost stört sie nicht. Weil ihre Samen ein nahrhaftes Anhängsel tragen, werden sie von Ameisen gesammelt und verbreitet.

Wald-Ziest
Stachys sylvatica

> › eine Pflanze mit markant unangenehmem Geruch
> › zeigt Feuchtigkeit im Boden an

Merkmale Rau behaarte Pflanze; wird bis zu 1 m hoch; Blätter nesselartig; Blüten in den Achseln der oberen Blätter, bilden einen ährenartigen Blütenstand; Blütezeit Juni bis Oktober. **Vorkommen** Auwälder, feuchte schattige Waldwege, Uferbewuchs. **Wissenswertes** In einem alten lateinischen Kräuterbuch heißt es: »Der Ziest ist gut für des Menschen Seele und seinen Leib.« Auch der Wald-Ziest war früher eine geschätzte Heilpflanze. Er enthält wie der verwandte Heil-Ziest Gerb- und Bitterstoffe mit beruhigender, schmerzstillender und krampflösender Wirkung.

Bachbungen-Ehrenpreis
Veronica beccabunga

> bildet an seinen Standorten dichte Bestände
> auch als Würzkraut nutzbar

Merkmale Sumpfpflanze mit 10–50 cm langem Stängel und gegenständigen, fast runden Blättern; Blütentrauben aus bis zu 30 Einzelblüten an langen Stielen in den Achseln der oberen Blätter; Blütezeit Mai bis September. **Vorkommen** Bäche, Wassergräben. **Wissenswertes** In Mitteleuropa gibt es etwa 30 Ehrenpreisarten. Einige wachsen im flachen Wasser von Bächen. Besonders häufig trifft man hier auf die Bachbunge, auch Quellen-Ehrenpreis genannt. Früher hat man aus ihren Blättern einen blutreinigenden Tee gekocht. Die moderne Pflanzenmedizin nutzt diese Pflanze nicht mehr.

Echter Ehrenpreis
Veronica officinalis

> Halbschattenpflanze
> meidet Nässe
> Blüten mit ungleich großen Kronblättern

Merkmale Staude mit liegendem, behaartem Stängel, der nur im Blütenstand 15–20 cm aufsteigt; Blätter gegenständig, behaart; aus den Blüten ragen die Staubbeutel weit heraus; Blütezeit Mai bis August. **Vorkommen** Wälder, magere Wiesen, Heiden. **Wissenswertes** An nährstoffarmen, trockenen Standorten bildet der Echte Ehrenpreis blauviolette Blütenteppiche. Er gehört zu den Zeigerpflanzen für magere Böden und ist deshalb in unserer intensiv genutzten Kulturlandschaft auf dem Rückzug. Im 16. Jahrhundert beschrieb der Botaniker Hieronymus Bock die Pflanze als Volksheilmittel.

Wiesen-Schaumkraut
Cardamine pratensis

> Futterpflanze für Raupen des Aurorafalters
> Blüten manchmal rosa oder weiß

Merkmale Runder, hohler, 15–50 cm hoher Stängel; gefiederte Blätter; Blüten mit 4 kreuzförmig angeordneten Blütenblättern; Blütezeit April bis Juni. **Vorkommen** Feuchte Wiesen, Auwälder, Ufer. **Wissenswertes** Das Wiesen-Schaumkraut bildet mit seinen hellvioletten Blüten den Frühlingsaspekt feuchter Wiesen. Seinen Namen verdankt es den vielen Schaumtröpfchen am Stängel. Sie werden von einer kleinen Insektenlarve erzeugt, die an der Pflanze saugt und sich in dem »Schaumbad« vor Feinden schützt. Die Blätter sind eine vitaminreiche Zugabe zu Frühlingssalaten.

Rundblättrige Glockenblume
Campanula rotundifolia

> heißt auch Gras-Glockenblume
> auch Formen mit weißen Blüten sind möglich

Merkmale Zierliche Pflanze mit 10–50 cm hohem Stängel, aufwärts gerichteten Blütenknospen und nickenden Blüten; Grundblätter rund, Stängelblätter lang und schmal; Blütezeit Juni bis September. **Vorkommen** An trockenen, grasigen Plätzen, aber auch auf Mauern, in Felsspalten. **Wissenswertes** Die Pflanze besitzt 2 Arten von Blättern: lange, schmale Stängelblätter und fast runde, zur Blütezeit meist schon vergilbte Grundblätter, denen sie ihren Namen verdankt. Sie kann ihre Wurzel bis zu 1 m tief in den Boden treiben und so auch auf trockenem Untergrund überleben.

Wiesen-Glockenblume
Campanula patula

> typische Art wertvoller Wirtschaftswiesen
> fehlt im Norddeutschen Tiefland weitgehend

Merkmale 20–60 cm hohe Blume mit duftenden, glockenförmigen, bis zur Mitte gespaltenen Blüten; die 5 Blütenblätter sind sternförmig nach außen gebogen; Blütezeit Mai bis Juli. **Vorkommen** Nährstoffreiche Wiesen, Wegränder, Gebüschsäume. **Wissenswertes** Die Wiesen-Glockenblume hat an der Farbenpracht süddeutscher Wiesen großen Anteil. Sie ist eine Sonnenpflanze. Ihre Blüten stehen tagsüber aufrecht und sind zur Sonne ausgerichtet. Nachts und bei trübem Wetter hängen sie und schließen sich. So können Regen und Tau dem Pollen nicht schaden.

Frühlings-Enzian
Gentiana verna

> die Blütenfarbe kann von weiß über hellblau bis zu dunkelviolett variieren

Merkmale Niedrig wachsende, nur 3–10 cm hohe Pflanze mit meist azurblauer Blüte; jede Blüte mit sternförmiger, fünfzipfeliger Blütenkrone; Blütezeit März bis Mai. **Vorkommen** In den Gebirgen Mittel- und Südeuropas, auf wenig gedüngten Wiesen. **Wissenswertes** Dieser Enzian hat zwei Blühzeiten: Gleich nach der Schneeschmelze im März bringt er den Frühling auf die Bergwiesen. Und nach dem Mähen im Herbst blüht er oft noch ein zweites Mal, allerdings mit deutlich kleineren Blüten. Selbst in milden Wintern kann man ihn an schneefreien Stellen blühend antreffen. **Geschützt.**

Acker-Kratzdistel
Cirsium arvense

> Stickstoff-zeiger
> Blüten riechen moschusartig
> bis zu 6000 Früchte pro Pflanze

Merkmale Ödlandpflanze mit 0,5–1,5 m langem Stängel und stacheligen Blättern; Blütenköpfchen zu 1–5 angeordnet; Blütezeit Juni bis September. **Vorkommen** Felder, Brachland. **Wissenswertes** Falter und Hummeln umschwärmen ihre Blüten, der Distelfink schätzt ihre reifen Fruchtstände. Doch Gärtner mögen die Pflanze nicht. Für sie ist die Acker-Kratzdistel ein gefürchtetes Unkraut. Sie wird durch Düngung gefördert und ist mit ihrer bis zu 1,5 m langen Wurzel und der Fähigkeit, selbst aus kleinsten Wurzelstückchen neue Pflanzen zu regenerieren, nur schwer zu beseitigen.

Berg-Flockenblume
Centaurea montana

> alte Färbepflanze
> sieht aus wie eine große Kornblume
> Stängel reich beblättert

Merkmale 10–60 cm hohe Gebirgspflanze; Blütenköpfe aus großen, blauen, tief in 5 Zipfel geteilten Randblüten und kleinen, roten Innenblüten; Blütezeit Mai bis September. **Vorkommen** Bergwälder Mittel- und Südeuropas; braucht Standorte mit hoher Luftfeuchtigkeit. **Wissenswertes** Wegen ihrer blauen Randblüten wird die Berg-Flockenblume oft mit der Kornblume verglichen. Volksnamen wie Berg-Kornblume oder Roggenblume sind weit verbreitet. Wegen ihrer insgesamt schönen und auffälligen Blüten wird sie bereits seit dem 16. Jahrhundert als Gartenpflanze gezüchtet.

Kornblume
Centaurea cyanus

> stammt aus dem Mittelmeerraum
> Samen mit Haarkranz für die Windverbreitung

Merkmale Pflanze der Getreidefelder mit kantigem, 20–90 cm hohem, weich behaartem Stängel, langen schmalen Blättern und leuchtend blauen Blüten; Blütezeit Juni bis August. **Vorkommen** Früher in jedem Getreidefeld, heute nur gebietsweise. **Wissenswertes** Feldblumensträuße unserer Kindheit bestanden aus feuerrotem Mohn, duftenden Kamillen und natürlich Kornblumen. Dann verschwanden diese Pflanzen, weil sie als Acker-Unkräuter mit Pestiziden bekämpft wurden. Mittlerweile haben sich die Anbaumethoden in der Landwirtschaft verändert und die Kornblumen kehren zurück.

Wegwarte

Cichorium intybus

> Kulturformen liefern den Chicorée
> Blüten am Mittag wieder geschlossen

Merkmale Mehrjährige, bis zu 1,5 m hohe Pflanze; Stängel blattarm, kantig; auffällig hellblaue Blüten; Blütezeit Juli bis September. **Vorkommen** Weg- und Feldränder, Brachland. **Wissenswertes** Der botanische Name *Cichorium* bedeutet »Feldstreuner« und ist wie der deutsche Name »Wegwarte« ein Hinweis auf den Standort der Pflanze. Wertvolle Inhaltsstoffe machten sie schon in der Antike zu einem geschätzten Gemüse und Heilmittel. Und in Kriegs- und Nachkriegszeiten wurde das Pulver der getrockneten Wurzel als Kaffee-Ersatz genutzt. Das ergab den bekannten »Muckefuck«.

Leberblümchen

Hepatica nobilis

> auch kultiviert als Zierpflanze
> Blütezeit der einzelnen Pflanze kurz

Merkmale 5–15 cm hohe Pflanze mit ledrigen, dreilappigen Blättern; Blüte aus 6–10 zartblauen Blütenblättern; Blütezeit März bis Mai. **Vorkommen** Schattige Laubwälder und Gebüsche. Braucht kalkreiche, etwas feuchte Böden. **Wissenswertes** In der Pfalz heißt das Leberblümchen »Tochter vor der Mutter«, weil es zur Blütezeit noch keine Blätter trägt. Die Signaturenlehre des Mittelalters machte die Pflanze wegen ihrer in Farbe und Form leberähnlichen Blätter zu einem Heilmittel bei Leberleiden. Einer wissenschaftlichen Prüfung hielt diese Ansicht jedoch nicht stand. **Geschützt**.

Zweiblättriger Blaustern

Scilla bifolia

> Blüten sternförmig ausgebreitet
> viele Gartenformen im Handel

Merkmale Mehrjährige Zwiebelpflanze mit dünnem, rundem, 10–30 cm hohem Stängel; meist nur 2 fast grundständige, lange, schmale Blätter; Blütentraube aus 2–7 hellblauen, gestielten Blüten; Blütezeit März/April. **Vorkommen** Auwälder, feuchte Eichen- und Buchenwälder; auch auf Obstwiesen. **Wissenswertes** Der Zweiblättrige Blaustern gehört zu unseren beliebtesten Frühjahrsblühern. Er ist eine Charakterart der Buchen- und sommergrünen Eichenwälder Europas. Häufig und in großen Beständen trifft man ihn in den Wäldern der Talauen von Rhein, Main, Neckar und Donau. **Geschützt**.

Gundermann

Glechoma hederacea

> riecht angenehm würzig
> ist auch unter dem Namen Gundelrebe bekannt

Merkmale Nur 5–20 cm hoch; 2–3 Blüten in den Achseln der Blätter; Blütezeit März bis Mai. **Vorkommen** Grünland aller Art. **Wissenswertes** Wer die ersten 3 Gundermannblätter, die er im Frühling findet, pflückt und an Ort und Stelle isst, bleibt ein Jahr lang gesund. Das behaupten jedenfalls alte Kräuterkundige. Man muss nicht weit gehen, um die Pflanze zu finden. Der Gundermann wächst rund ums Haus, in der Hecke oder unter dem Gartenzaun. Die Wildpflanze enthält ätherische Öle, viele Vitamine und gesunde Bitterstoffe und war deshalb lange Heilpflanze und Gewürz.

Braunelle

Prunella vulgaris

> obere Blätter kleiner als untere
> überall häufig, weltweit verschleppt

Merkmale Häufige Pflanze mit 10–25 cm langem Stängel; Blätter gegenständig, eiförmig, ganzrandig; Zahlreiche blauviolette Lippenblüten in einem ährenförmigen Blütenstand; Blütezeit Juni bis September. **Vorkommen** Parkrasen, Weiden, Wegränder, Waldlichtungen. **Wissenswertes** In England nennt man die Braunelle »self-heal«, eine Bezeichnung für eine ideale Heilpflanze. Sie enthält Gerbstoffe, Bitterstoffe, Harze, Vitamin C und ein ätherisches Öl. Als Salat gegessen, regt sie die Lebertätigkeit an, die Zubereitung als Tee ergibt ein wirksames Gurgelwasser.

Kriechender Günsel

Ajuga reptans

> Blüten symmetrisch, mit sehr kurzer Oberlippe
> an allen Böschungen

Merkmale Bodennahe, 10–30 cm hohe Pflanze mit grundständiger Blattrosette und gegenständigen Stängelblättern; kräftig blaue Blüten zu 2–6 in den Achseln der Stängelblätter; Blütezeit Mai bis Juli. **Vorkommen** Wiesen, Weiden, Weg- und Gebüschränder. **Wissenswertes** Mit ihren oberirdischen Ausläufern scheint diese Pflanze tatsächlich über den Boden zu kriechen. Sie bildet große Polster und ist bei Hummeln sehr begehrt. Früher war sie wegen ihres Gerbstoffgehaltes ein viel verwendetesHeilkraut bei Halsentzündungen. Heute wird sie nur noch selten therapeutisch verwendet.

Wiesen-Salbei

Salvia pratensis

> typische Hummelblume
> duftet aromatisch
> nur 2 Staubblätter

Merkmale Wiesenblume mit vierkantigem, 30–60 cm hohem Stängel und runzeligen Blättern; blauviolette Lippenblüten, die in Stockwerken übereinander stehen; Blütezeit Juni bis August. **Vorkommen** Wiesen, Wegränder, Böschungen. **Wissenswertes** Der Wiesen-Salbei steht häufig in trockenen Mähwiesen auf kalkhaltigem Lehmboden. Dort treibt er seine Wurzeln mehr als 50 cm in die Tiefe. Diese Sonne liebende Pflanze enthält in Blättern und Blüten ätherische Öle, die entzündungshemmend wirken. Der herb aromatische Geschmack der Blätter würzt Fleisch und Fisch.

Akelei

Aquilegia vulgaris

> Zuchtformen mit gefüllten Blüten
> Blüten manchmal auch weiß oder rosa

Merkmale 30–80 cm hoch; dunkelblau-violette, glockenförmige Blüten mit langem, hakig gebogenem Sporn; Blütezeit Mai bis Juli. **Vorkommen** Bis in 2000 m Höhe in Laubwäldern, Gebüschen, auf schattigen Wiesen. **Wissenswertes** Ihrer auffälligen Blütenform verdankt die Akelei Volksnamen wie Teufelsglocke oder Narrenkappe. Bestäuber der Akeleiblüten sind Gartenhummeln. Nur sie reichen mit ihrem langen Rüssel bis auf den Grund des nektarhaltigen Sporns. Die Pflanze ist giftverdächtig. In ihren Blättern, Blüten und Samenkapseln wurden Blausäureverbindungen gefunden. **Geschützt**.

Blauer Eisenhut

Aconitum napellus

> wächst in Gruppen
> wird bis zu 150 cm hoch
> bis in Höhen von 3000 m

Merkmale Ausdauernde, bis zu 150 cm hohe Pflanze mit handförmigen Blättern; dunkelblaue, helmförmige Blüten; Blütezeit Juni bis September. **Vorkommen** Vereinzelt in den höheren Lagen der Mittelgebirge. Weiter verbreitet in den Alpen, an Bachufern, in feuchten Wäldern. **Wissenswertes** Der Blaue Eisenhut wird oft als die giftigste Pflanze Europas beschrieben. Blätter, Blüten und besonders die Wurzel enthalten die stärksten Gifte des Pflanzenreichs. Man verwendete sie schon im Altertum als Pfeil- und Mordgifte. Alle Eisenhutblumen sind klassische Hummelblumen. **Giftig**. **Geschützt**.

Wiesen-Witwenblume

Knautia arvensis

> typische Wiesenblume
> liefert nur minderwertiges Heu

Merkmale Stängel 30–80 cm hoch; halbkugelige Blütenköpfe mit vergrößerten Randblüten; Blütezeit Juli bis August. **Vorkommen** Vom Tiefland bis in Gebirgslagen auf nicht zu nährstoffreichen Wiesen, an Weg- und Waldrändern. **Wissenswertes** Der halbkugelige Blütenstand aus etwa 100 Einzelblüten täuscht Insekten eine einzige große Blüte vor. Vor allem Tagfalter wie Blutströpfchen oder Heufalter sieht man oft an den Blüten der Wiesen-Witwenblume. Ihr wissenschaftlicher Name geht auf den Arzt und Botaniker Christian Knaut (1654–1716) zurück.

März-Veilchen

Viola odorata

> bildet Ausläufer
> Samenverbreitung durch Ameisen
> beliebte Zierpflanze

Merkmale Zarte, 3–10 cm hohe Blume; Blätter herzförmig; duftende Blüten mit geradem Sporn; Blütezeit März bis Mai und August bis September. **Vorkommen** Waldränder, Hecken, Gebüsche. In Dorfnähe oft nur verwildert. **Wissenswertes** Die aromatisch duftenden Blüten enthalten zwar Nektar und locken auch Bienen an, doch der Insektenbesuch im Frühling führt nur selten zur Ausbildung von Samen. Erst die Sommerblüten mit verkümmerter Blütenkrone und Selbstbestäubung zeigen reichlich Samenansatz. Eine Hand voll Veilchenblüten in Wein oder Sekt ergibt eine erfrischende aromatische Bowle.

Wald-Veilchen

Viola reichenbachiana

> Halbschattenpflanze
> geruchlose Blüten
> dreikantige Samenkapsel

Merkmale 5–20 cm hoch; herzförmige Blätter; Blüte aus 5 blauvioletten Blütenblättern und einem abwärts gerichteten Sporn; Blütezeit April/Mai. **Vorkommen** Fast überall in krautreichen Laub- und Nadelmischwäldern mit nährstoffreichen, lockeren Böden. **Wissenswertes** Das Wald-Veilchen ist eine Charakterpflanze feuchter Buchenwälder. Benannt wurde es nach Heinrich Gottlieb Reichenbach (1793–1879), einem deutschen Botaniker. Das Veilchen hat als Liebespflanze eine lange Tradition. Schon die Griechen besaßen eigene Veilchengärten und nannten die Pflanze »Blume der Liebe«.

Vielblättrige Lupine
Lupinus polyphyllus

> macht den Boden wertvoll
> bis zu 150 cm hoch
> Giftstoffe in den Samen

Merkmale Etwa 1 m hohe Sommerpflanze mit blauvioletten, duftenden Blüten in einem kerzenähnlichen Blütenstand; Blätter fächerförmig in 12–15 Teilblättchen aufgespalten; graue Fruchthülsen; Blütezeit Juni bis September. **Vorkommen** Wald-, Weg- und Straßenränder, Zierpflanze. **Wissenswertes** Die Art stammt aus dem pazifischen Nordamerika. Bei uns wird sie an neuen Straßen und an Bahnböschungen ausgesät. Die Vielblättrige Lupine besitzt Bakterien in ihren Wurzeln, die Stickstoff im Boden anreichern. Damit macht sie für anspruchsvollere Pflanzen den Weg frei. **Giftig**.

Vogel-Wicke
Vicia cracca

> besonders auf nährstoffreichen Böden
> Blütenstand auf langem Stiel

Merkmale Kletterpflanze mit etwa 1 m langem Stängel; gefiederte Blätter mit einer Ranke an der Spitze; Blütentrauben aus bis zu 30 Einzelblüten, die alle zu einer Seite ausgerichtet sind; Blütezeit Juni bis August. **Vorkommen** Weg-, Feld- und Gebüschränder. **Wissenswertes** Das Pflanzenbild der Junihecken wird von Wicken mitbestimmt. Mit den langen Ranken an ihren Blattspitzen klettert die Vogel-Wicke an Sträuchern empor oder wuchert über Gräser und Kräuter. Ihren Ranken sagt man nach, sie seien unverwüstlich. »Teufels Nähgarn« heißen sie in Friesland.

Zaun-Wicke
Vicia sepium

> Blütenstand auf kurzem Stiel
> Stickstoff bindende Wurzelbakterien

Merkmale Kletterpflanze mit 20–60 cm langen Stängeln und blauvioletten Blüten in Büscheln zu 2–6; gefiederte Blätter mit einer Ranke an der Spitze; Blütezeit Mai bis August. **Vorkommen** Gebüsch- und Waldsäume, auch Wiesen. **Wissenswertes** Auf der Zaun-Wicke krabbeln fast immer Ameisen. Sie versorgen sich hier mit Nektar, den die Pflanze aus dunkelbraunen Flecken an der Unterseite ihrer Blättchen abscheidet. Wie die verwandte Vogel-Wicke klettert auch die Zaun-Wicke mit ihren Ranken über andere Pflanzen zum Licht. Zaun-Wicken liefern ein eiweißreiches Viehfutter.

Guter Heinrich

Chenopodium bonus-henricus

> junge Blätter wie mit Mehl bestäubt, ältere oft rötlich gefärbt

Merkmale 10–50 cm hoch; viele dreieckige, bis zu 10 cm lange, gewellte Blätter; kleine Blüten in einer dichten Ähre an der Stängelspitze; Blütezeit Mai bis August. **Vorkommen** Überdüngte Standorte. **Wissenswertes** »Gut« wurde dieser Heinrich genannt, weil er über Jahrhunderte ein begehrtes Blattgemüse lieferte. Die Pflanze ist auch als »Wilder Spinat« bekannt. Früher wuchs sie um jeden Bauernhof, an Dorfstraßen, auf Feldern und Viehweiden. Heute ist dieser uralte Kulturbegleiter als Wildpflanze selten geworden, wird aber angebaut.

Queller

Salicornia europaea

> bestandsbildende Salzpflanze am Rande des Watts
> im Herbst oft rot

Merkmale Erinnert an einen kleinen Kaktus; reich verzweigte, fleischige, 5–40 cm hohe Stängel; keine Blätter im eigentlichen Sinn; kleine Blüten an den Stängelspitzen; Blütezeit August bis Oktober. **Vorkommen** Europäische Küsten, auf Schlick- und Sandböden. Auch an salzigen Stellen im Binnenland. **Wissenswertes** Weil er mit seinen Stängeln die von der Flut herangetragenen Sedimente festhält, spielt der Queller bei der Landgewinnung an der Nordseeküste eine große Rolle. Für die Bestäubung seiner Blüten sorgen der Wind, das Wasser und manchmal auch Schnecken.

Weißer Gänsefuß

Chenopodium album

> heißt auch Weiße Melde
> Samen sind Bestandteil von Vogelfuttermischungen

Merkmale Die ganze Pflanze sieht aus wie mit Mehl bestäubt; ovale Blätter, manchmal am Rand gezähnt; winzige Blüten in einem ährenartigen Blütenstand am Ende des bis zu 2 m hohen Stängels; Blütezeit Juli bis September. **Vorkommen** Äcker, Gärten, Wegränder, Dorfstraßen. **Wissenswertes** Die Heimat des Weißen Gänsefuß wird im Himalajagebiet vermutet. Im Westhimalaja sowie in einigen Teilen Indiens ist die Pflanze in Kultur. Blätter und Sprosse werden dort als Gemüse genutzt, die Samen als Grütze gekocht oder zu Mehl verarbeitet und in den Brotteig gemischt.

Frauenmantel

Alchemilla vulgaris

> leicht im Garten zu kultivieren
> die Blüten sind Tag und Nacht geöffnet

Merkmale Mehrjährige, 15–50 cm hohe Pflanze; große, im Umriss runde Blätter aus 9–11 am Rand gezähnten Lappen; gelbgrüne Blüten ohne Blütenblätter; Blütezeit Mai bis September. **Vorkommen** Wiesen, Weiden, Waldränder, Bachufer. **Wissenswertes** In Nächten mit hoher Luftfeuchtigkeit scheiden seine Blätter an den Rändern Wassertropfen aus. Die Alchemisten des Mittelalters schrieben diesem Wasser große Zauberkräfte zu. Sie nahmen es als »Himmlisches Wasser« bei ihren Versuchen, Gold herzustellen. Tatsächlich begründet ist die Verwendung der Pflanze in der Kräutermedizin.

Große Brennnessel

Urtica dioica

> typischer Stickstoffzeiger
> Stängel und Blätter mit Brennhaaren

Merkmale Staude mit unverzweigtem, kantigem, bis zu 2,5 m hohem Stängel; gegenständige, grob gezähnte Blätter; männliche und weibliche Blüten klein, auf verschiedenen Pflanzen; Blütezeit Juni bis September. **Vorkommen** Wege, Wälder und Gebüsche. Liebt beschattete Plätze auf feuchten, stickstoffreichen Böden. **Wissenswertes** Für alle Kräuterkundigen ist die Brennnessel eine große Heilerin. Sie enthält wertvolle Mineralsalze, Vitamine sowie Pflanzenhormone. Von ihren Blättern ernähren sich die Raupen vieler Tagfalter. Ihre Wurzel liefert einen gelben Farbstoff.

Spitz-Wegerich

Plantago lanceolata

> ausgesprochen trittfest
> heißt im Volksmund auch »Straßenbraut«

Merkmale Pflanze aller Wege; 10–40 cm hoch; Blätter grundständig, mit gut sichtbaren, längs verlaufenden Adern; braunweiße Blüten in einer kurzen Ähre an der Stängelspitze; Blütezeit April bis September. **Vorkommen** Wege, Feldraine und Wiesen mit nährstoffreichen Böden. **Wissenswertes** Weil die Pflanze an allen Wegen wächst, erhielt sie den botanischen Namen *Plantago*, abgeleitet vom lateinischen *planta* für »Fußsohle«. Wegeriche sind heute weltweit verbreitet. Die Inhaltsstoffe dieser alten Heilpflanzen finden wir in vielen pharmazeutischen Präparaten.

Haselwurz

Asarum europaeum

> Blätter riechen zerrieben pfefferartig
> Blüten duften nach Kampfer

Merkmale Stängel nur 5–10 cm hoch; Blätter nierenförmig, glänzend; Blüten braunrot, glockenförmig, liegen meist unter den Blättern verborgen; Blütezeit März bis Mai. **Vorkommen** Laub- und Nadelmischwälder; Schattenpflanze, verträgt keine direkte Sonnenbestrahlung. **Wissenswertes** Die Haselwurz wächst in europäischen Laubwäldern am Fuß großer Bäume. Dort fällt sie besonders im zeitigen Frühjahr durch ihre glänzenden Blätter auf. Sie gehört zu den so genannten Täuschblumen. Ihre Blüten ahmen Merkmale von Pilzen nach und werden deshalb auch von Pilzmücken bestäubt. **Giftig**.

Ausdauerndes Bingelkraut

Mercurialis perennis

> die ganze Pflanze riecht unangenehm
> heißt auch Wald-Bingelkraut

Merkmale Zweihäusige Pflanze, 10–40 cm hoch; Stängel rund und unverzweigt; Blätter gegenständig; unscheinbare grüne Einzelblüten in einem ährenartigen Blütenstand; Blütezeit April/Mai. **Vorkommen** Laub- und Mischwälder. **Wissenswertes** Im tiefsten Schatten dichter Buchenwälder, dort, wo kaum noch andere Pflanzen gedeihen, wächst das Ausdauernde Bingelkraut in dichten Beständen. Einzige Voraussetzung: Der Boden muss sehr nährstoffreich sein. Im Mittelalter war die Pflanze sehr gesucht. Man glaubte, mit ihrer Hilfe Quecksilber in Gold verwandeln zu können. **Giftig**.

Breitblättriger Rohrkolben

Typha latifolia

> typische Verlandungspflanze
> wird häufig zu Trockensträußen verarbeitet

Merkmale Wird bis zu 2 m hoch; Blätter schmal, 1–2 m lang, länger als die blühenden Stängel; brauner, kolbenförmiger Blütenstand, in einen oberen männlichen und einen unteren weiblichen Teil gegliedert; Blütezeit Juli/August. **Vorkommen** Am Rand von Teichen und Seen, in Wassergräben. **Wissenswertes** Die attraktive Pflanze wurde früher vielfach genutzt. Mit ihren Blättern dichteten Küfner die Fugen in den Fässern. Ihre Stängel nahm man zum Dackdecken, und mit ihrer weichen Fruchtwolle stopfte man Betten. Heute wird der Rohrkolben zur Uferbefestigung gepflanzt.

Ästiger Igelkolben

Sparganium erectum

> häufigste Igelkolbenart
> Schwimmfrüchte, die das Wasser verbreitet

Merkmale Stängel 0,5–1,5 m lang, zur Blütezeit aufrecht, sonst herabgebogen; bandförmige Blätter; Blüten in kugeligen Köpfen, die unteren weiblich, die oberen männlich; Blütezeit Juni bis August. **Vorkommen** Ufer von stehenden und langsam fließenden Gewässern. **Wissenswertes** Der Ästige Igelkolben gehört zu den bekanntesten Pflanzen am Teichufer. Besonders dort, wo der Boden sehr weich und schlammig ist, trifft man häufig auf ihn. Benannt wurde die Pflanze nach ihren stacheligen Blütenköpfen, die an Igel erinnern. »Herrgottskrone« heißt sie im Volksmund.

Schwimmendes Laichkraut

Potamogeton natans

> meist in stillen Buchten ohne Wellenschlag
> oft zusammen mit Seerosen

Merkmale Ausdauernde Pflanze mit bis zu 2 m langen Stängeln; glänzende Schwimmblätter mit vielen parallelen Adern; kleine zartgrüne Blüten in einer dichten, walzenförmigen Ähre, die aus dem Wasser ragt; Blütezeit Mai bis August. **Vorkommen** Teiche und Seen. **Wissenswertes** Viele Laichkräuter leben völlig untergetaucht. Das Schwimmende Laichkraut besitzt breite Schwimmblätter und nur im Frühling, bis zum Blühbeginn, auch schmale Tauchblätter. Die Blüten werden durch den Wind bestäubt. Für die Verbreitung der reifen Früchte sorgen das Wasser und Wasservögel.

Kalmus

Acorus calamus

> bildet in unserem Klima keine Früchte, vermehrt sich rein vegetativ

Merkmale Dreikantiger, etwa 1 m langer Stängel; schwertförmige Blätter; winzige grüne Blüten in seitlich schräg abstehendem Kolben; Blütezeit Juni/Juli. **Vorkommen** Im Röhricht nährstoffreicher, stehender Gewässer. **Wissenswertes** Die bekannte Heilpflanze stammt aus Südostasien. Nach Mitteleuropa kam sie im 16. Jahrhundert. Heute gilt sie als eingebürgert. Ihr Wurzelstock enthält eine Reihe von Bitterstoffen sowie ätherische Öle, auch Kampfer. In der Medizin wird der Kalmus bei Appetitmangel und Magen-Darm-Störungen eingesetzt. »Magenwurz« heißt er im Volksmund. **Geschützt**.

Gefleckter Aronstab

Arum maculatum

> verströmt aasähnliche Düfte
> Wärme liebende Art, im Norden selten

Merkmale 10–40 cm hoch; pfeilförmige Blätter, meist dunkel gefleckt; dicker brauner Blütenkolben, von einem tütenförmig eingerollten grünweißen Hochblatt umhüllt; reife Früchte scharlachrot. **Vorkommen** Laubmischwälder, Auwälder, feuchte Gebüsche. **Wissenswertes** Der botanische Gattungsname *Arum* stammt aus dem Griechischen und bedeutet »Giftpflanze«. Alle Pflanzenteile, besonders aber die Früchte, enthalten starke Gifte. Die Pflanze gehört zu den seltenen europäischen Vertretern der Aronstabgewächse, die mit über 100 Arten vor allem in den Tropen verbreitet sind. **Giftig**.

Großes Zweiblatt

Listera ovata

> häufigste heimische Orchidee
> liebt nährstoffreiche, feuchte Böden

Merkmale Stängel 20–60 cm hoch; nur 2 herzförmige, knapp über dem Boden liegende, gegenständige Blätter mit deutlich hervortretenden Adern; zahlreiche grüngelbe Blüten in einer langen Traube; Blütezeit Mai bis Juli. **Vorkommen** Laubmischwälder, Auwälder, Gebüsche. **Wissenswertes** Diese unauffällige Orchidee kann man gut daran erkennen, dass ihr Stängel nur 2 gegenständige Blätter trägt. Ihre Blüten haben eine fast bis zur Mitte aufgespaltene Unterlippe, die Nektar für bestäubende Insekten absondert. Das sind vor allem Fliegen, Schlupfwespen und Käfer. **Geschützt**.

Knotige Braunwurz

Scrophularia nodosa

> Blüten riechen unangenehm, gaben der Pflanze den Volksnamen Stinkkraut

Merkmale Vierkantiger, bis zu 1 m hoher Stängel; Blätter gegenständig, am Rand gesägt; schmutzig braune bis olivgrüne, fast kugelige Blüten; Blütezeit Juni bis September. **Vorkommen** Weit verbreitet in Laub- und Nadelmischwäldern. **Wissenswertes** *Nodosa* heißt »die Knotige«. Der rotbraune, knollig verdickte und knotige Wurzelstock gab dieser Pflanze den deutschen und wissenschaftlichen Namen. Der unangenehme Geruch ihrer kleinen Blüten lockt vor allem Wespen als Bestäuber an. An den Blättern fressen häufig Rüsselkäfer, deren Larven an Schnecken erinnern. **Giftig**.

Zweiteilige deutsche Namen wurden meistens nur einmal und zwar mit dem vorangestellten Gattungsnamen aufgeführt, z. B. »Gefleckter Aronstab« unter »Aronstab, Gefleckter«.

Bildnachweis
Aichele: 17u; **Dreyer**: 6; **Hecker**: 4, 13u, 23M, 27u, 41u, 59o, 69o, 75u, 85M, 91M, 95u, 99o, 103u, 105u, 113M, 121o; **Hecker/Sauer**: 83o, 83u; **Laux** : 7, 11o, 11u, 13o, 17o, 19u, 21o, 23o, 25o, 25M, 29M, 31M, 31u, 33u, 35u, 37o, 37M, 39o, 39M, 41M, 43M, 45M, 45u, 47o, 49o, 49u, 51o, 51M, 53o, 53M, 55o, 55u, 57o, 59u, 61o, 61M, 61u, 63M, 63u, 65M, 65u, 67o, 67M, 67u, 69M, 69u, 73M, 73u, 75M, 77o, 77M, 79o, 79u, 81o, 81M, 87M, 87u, 89M, 91o, 91u, 93u, 95o, 95M, 97M, 99M, 101u, 103o, 105o, 107o, 107M, 111M, 111u, 113o, 113u, 115M, 115u, 117M, 119o, 119u, 121M, 121u; **Pforr**: 8/9, 15o, 15M, 17M, 19o, 19M, 21M, 21u, 25u, 27o, 27M, 29o, 31o, 33o, 35o, 35M, 37u, 41o, 43o, 43u, 45o, 47M, 47u, 49M, 51u, 55M, 57M, 57u, 59M, 63o, 65o, 71o, 71M, 71u, 75o, 77u, 79M, 81u, 83M, 85o, 85u, 89u, 93o, 97u, 99u, 101M, 103M, 105M, 109o, 109M, 109u, 111o, 115o, 117u, 119M; **Pott**: 53u; **Reinhard**: 15u, 33M, 89o; **Spohn**: 13M; **Willner**: 2/3, 11M, 23u, 29u, 39u, 73o, 87o, 93M, 97o, 101o, 107u, 117o

Mit 173 Farbfotos: Aichele (1), Dreyer (1), Hecker (16), Hecker/Sauer (2), Laux (81), Pforr (55), Pott (1), Reinhard (3), Spohn (1), Willner (12); 1 farbige Zeichnung von Marianne Golte-Bechtle (Seite 1) und 13 Schwarzweißzeichnungen von Wolfgang Lange (Umschlaginnenseite hinten).

Umschlaggestaltung von eStudio Calamar, Pau, unter Verwendung einer Aufnahme von Manfred Pforr: Scharbockskraut *(Ranunculus ficaria)*.

Bibliografische Information der Deutschen Bibliothek

Die Deutsche Bibliothek verzeichnet diese Publikation in der Deutschen Nationalbibliografie; detaillierte bibliografische Daten sind im Internet über http://dnb.ddb.de abrufbar

KOSMOS Postfach 10 60 11
D-70049 Stuttgart
TELEFON +49 (0)711-2191-0
FAX +49 (0)711-2191-422
WEB www.kosmos.de
E-MAIL info@kosmos.de

Gedruckt auf chlorfrei gebleichtem Papier

ISBN 3-440-08219-9
Projektleitung: Carsten Schröder
Lektorat, Satz, Layout, Bildauswahl: Barbara Kiesewetter, Redaktionsbüro, München
Produktion: Johannes Geyer
Grundlayout: eStudio Calamar
Printed in Italy / Imprimé en Italie

KOSMOS

Praktisch und kompetent

Joachim Mayer
Welcher Baum ist das?
ISBN 3-440-09067-1

Markus Flück
Welcher Pilz ist das?
ISBN 3-440-09976-8

Volker Dierschke
Welcher Vogel ist das?
ISBN 3-440-09572-X

Wolfgang Hensel
Welche Heilpflanze ist das?
ISBN 3-440-09990-3

Dreyer/Dreyer
Welche Blume ist das?
ISBN 3-440-08219-9

Hermann-M. Hahn
Welches Sternbild ist das?
ISBN 3-440-10181-9

- Die praktischen Naturführer für die Jackentasche
- Die wichtigsten Arten in brillanten Farbfotos

Jeder Band mit 128 Seiten
Je €/D 4,95; €/A 5,10; sFr 8,90

Preisänderung vorbehalten